MATEMÁTICAS PARA TODO

MANUEL LÓPEZ MATEOS

CONJUNTOS,

LÓGICA Y

FUNCIONES

EDICIÓN BLANCO Y NEGRO

2017

MATEMÁTICAS PARA TODO

1. Conjuntos y lógica

1b. Conjuntos, lógica y funciones

Primera edición, blanco y negro, 2017
©2017 LÓPEZ MATEOS EDITORES, S.A. DE C.V.
  Camino al Seminario 78
  Tercera Sección
  San Pablo Etla, Oaxaca
  C.P. 68258
  México

ISBN-13: 978-1548371517
ISBN-10: 1548371513

Información para catalogación bibliográfica:
  López Mateos, Manuel.
  Conjuntos, lógica y funciones / Manuel López Mateos — 1a ed.
  viii–175 p. cm.
  ISBN-13: 978-1548371517
  ISBN-10: 1548371513

1. Matemáticas 2. Resolución de problemas 3. Nivel básico 4. Análisis matemático 5. Conjuntos 6. Lógica. 7. Funciones. López Mateos, Manuel, 1945– II. Título.

Todos los derechos reservados. Queda prohibido reproducir o transmitir todo o parte de este libro, en cualquier forma o por cualquier medio, electrónico o mecánico, incluyendo fotocopia, grabado o cualquier sistema de almacenamiento y recuperación de información, sin permiso de LÓPEZ MATEOS EDITORES, S.A. DE C.V.

Producido en México
Edición blanco y negro
Printed by CreateSpace

www.lopez-mateos.com
ISBN-13: 978-1548371517
ISBN-10: 1548371513

Índice general

Introducción v
    Matemáticas básicas v
    El señor GEORGE PÓLYA vi
    ¿Cómo está la cosa? vii
    ¿De qué se trata? viii

1 El lenguaje de los conjuntos   1
    1.1. Estar o no estar 1
           Descripción y listas 3
           Complemento 7
    1.2. Contención e igualdad 9
           Propiedades de la contención 12
           Propiedades de la igualdad 15
    1.3. Intersección y unión 17
           Propiedades de la intersección 20
           Propiedades de la unión 22
           Leyes distributivas 23
           Leyes de absorción 24
    1.4. Leyes de DE MORGAN 25
    1.5. Diferencia y diferencia simétrica 26
    1.6. Álgebra de conjuntos 29

2 Elementos de lógica   33
    2.1. Verdadero o falso 33
    2.2. Todo o nada 35
    2.3. Conjunción y disyunción 37
    2.4. Equivalencia 42
           Propiedades de la conjunción 43
           Propiedades de la disyunción 45
           Leyes distributivas 45
           Leyes de absorción 46

	2.5.	Leyes de De Morgan	47
	2.6.	Implicación y bicondicional	48
	2.7.	Álgebra de proposiciones	54

3 ¿Cómo razonar? — 59
- 3.1. Tautología y contradicción 59
- 3.2. Reglas de inferencia 62

4 Lógica y conjuntos — 69
- 4.1. Proposiciones abiertas 69
- 4.2. *Para toda(o)* y *Existe* 73
- 4.3. Diagramas de Euler y de Venn 78
    - Leibniz 78
    - Euler 79
    - Venn 81
    - Euler y Venn 84
- 4.4. Lógica, conjuntos y diagramas 92

5 Relaciones — 98
- 5.1. Producto cartesiano 98
- 5.2. Relaciones 101
- 5.3. Particiones 108

6 Funciones — 113
- 6.1. Definición de función 113
- 6.2. Función inversa 120
- 6.3. Composición de funciones 122
- 6.4. El conjunto vacío, $\emptyset$ 124
- 6.5. Propiedades 127

Solución a los problemas — 133

Bibliografía — 156

Índice alfabético — 160

Símbolos y notación — 166

Introducción

Matemáticas básicas

La matemática, además de una muy compleja disciplina abstracta con gran impacto en las ciencias y la tecnología, es una gran herramienta para resolver los problemas que se presentan en nuestra vida cotidiana, ya sea en el ámbito profesional o en el doméstico, ya sea en el ámbito personal o de alguna comunidad, ya sea participando en la planificación y optimización de recursos o participando en la toma de decisiones.

Conforme nos familiarizamos con los aspectos básicos de las matemáticas mejoramos la educación de nuestro sentido común, lo cual significa que cuando *se nos ocurre algo* sea algo sensato. Así, en lugar de actuar *a lo loco* o decir *cualquier cosa* ante una situación problemática, en la toma de una decisión, al opinar sobre una acción o al estimar sobre un costo, nuestra opinión sea *una opinión educada*, una opinión autorizada por el hecho de que **sopesamos** la situación sobre la que opinamos. Es decir, nos vamos entrenando para visualizar una situación y emitir nuestra opinión tomando en cuenta sus diversos aspectos.

Naturalmente, mientras más complejas sean las situaciones en que nos veamos involucrados, requeriremos de familiarizarnos con aspectos más avanzados de las matemáticas.

Con las matemáticas básicas, las que forman parte de los planes y programas de estudio de la escuela primaria, la secundaria y el bachillerato, podemos atacar multitud de problemas de las más diversas áreas.

Si examinamos, por ejemplo, la CENEVAL, *Guía del examen nacional de ingreso al posgrado 2016 (EXANI-III)* para el examen utilizado en procesos de admisión de aspirantes a cursar estudios de especialidad, maestría o doctorado en la República Mexicana[1], veremos que las matemáticas requeridas son prácticamente las de la escuela primaria y secundaria, aunque usadas de diferente manera a como se enseñan.

---

[1] *Guía del examen nacional de ingreso al posgrado 2016* (EXANI-III). 13a edición. México. Ceneval, 2015. p. 5.

Introducción

Aunque las matemáticas requeridas en el Exani-III son las que cualquier profesionista debería saber, es decir, las debería dominar cualquier egresado de una licenciatura, cualquiera que ésta sea, sucede que no es así. Multitud de personas van eligiendo su camino académico esquivando las matemáticas, terminan su licenciatura y ¡oh sorpresa! para entrar al posgrado se exige que dominen todo aquello que han tratado de olvidar.

Capacitarse para hacer de las matemáticas una herramienta práctica y usarla como si fuera un lápiz no es difícil, se requieren dos cosas, la primera es de carácter técnico: hay que manejar las operaciones elementales, es decir la suma, resta, multiplicación y división de enteros, quebrados y decimales, y la segunda es de actitud: abrir la mente, darse a entender y entender al otro, escuchar la crítica y saber opinar de manera crítica. Con estas dos condiciones estaremos en capacidad de *iniciar* el estudio de los aspectos de las matemáticas que usamos para resolver problemas. Ahora bien, hay una tercera condición, como en toda actividad, para *dominarla* hay que *practicar*.

El señor George Pólya

¿Qué significa resolver un problema? Según GEORGE PÓLYA, "resolver un problema significa hallar una manera de superar una dificultad, o rodear un obstáculo, para lograr un objetivo que no podía obtenerse de inmediato" [2].

¿Cómo resolver problemas? En su popular obra *How to Solve It* (Cómo resolverlo), GEORGE POLYA propone un método, llamado *de los cuatro pasos* de Pólya para resolver problemas:

1. **Comprender el problema**: ¿Qué nos están preguntando?, ¿Cuál es la incógnita? ¿A qué pregunta debemos responder? ¿Podemos expresar el problema con nuestras propias palabras?

2. **Trazar un plan**: Escoger una estrategia, hay multitud: Buscar un patrón, resolver una ecuación, trazar un diagrama, hacer una tabla o una lista, analizar un caso más sencillo, hacer un modelo algebraico, proponer y rectificar *(ir atinándole)*, o alguna otra.

3. **Llevar a cabo el plan**: Una vez decidida la estrategia hay que realizarla, que llevarla a cabo, es importante actuar conforme lo hayamos planeado.

---

[2] Pólya, G. *Mathematical Discovery, Combined Edition*. New York. John Wiley & Sons, Inc., 1981. p. IX

4. **Revisar el resultado**: ¿Seguimos el plan, realizamos bien las cuentas?, ¿La respuesta es sensata, cumple todas las condiciones solicitadas?, ¿No hay otros resultados posibles?, ¿El método de solución se aplica a otros casos parecidos o más generales?

Hay muchas recomendaciones a partir de los famosos cuatro pasos. Una recopilación importante la pueden encontrar en BILLSTEIN, LIBESKIND y LOTT, *MATEMÁTICAS: Un enfoque de resolución de problemas para maestros de educación básica*, p. 4.

La obra de POLYA, *How to Solve it!* fue publicada en México por la Editorial Trillas en 1989 con el título *Cómo plantear y resolver problemas*.

GEORGE PÓLYA nació en Budapest el 13 de diciembre de 1887, murió el 7 de septiembre de 1985 en Palo Alto, California. Su libro *How to Solve It* está traducido a multitud de idiomas. *"Enseñar no es una ciencia, es un arte"[a]*. Una estrategia: *"Si no puedes resolver un problema, existe uno más fácil que sí puedes: hállalo"*.

[a] Pólya Guessing, **Vimeo**.

¿Cómo está la cosa?

Quizá la primera interacción que tengamos con una situación problemática sea *realizar una estimación*: ¿Cuántos son?, ¿Cuánto pesa?, ¿Qué superficie tiene?, ¿Hay suficiente alimento para la multitud?

Es asombrosa la diferencia entre las respuestas a una estimación.

Como habrán comprendido, pueden ser graves las consecuencias de una mala estimación, puede impactar en los costos, en tiempos e incluso en pérdida de vidas humanas.

Bien, las personas que realizan una actividad, desarrollan la capacidad de efectuar *buenas* estimaciones, que popularmente se llaman *a ojo de buen cubero*.

Realizar buenas estimaciones es una capacidad a desarrollar. Es muy útil poder realizar buenas estimaciones pues se trata de nuestro primer contacto con un problema: Ver, *a ojo de buen cubero, cómo está la cosa*. Emitimos una opinión educada.

Naturalmente, después de la primera impresión, *al ver las cosas más de cerca*, al analizar, estamos en condición de emitir, no sólo una opinión, sino incluso un *dictamen* y estaremos en capacidad de participar en una *toma de decisión*.

Introducción

¿De qué se trata?

La presente obra forma parte de una colección que con el pomposo título de *Matemáticas para Todo* pretende exponer los elementos de varios temas usados en cada vez más amplias y diversas disciplinas.

En este caso, los temas de *Conjuntos* y *Lógica*, que alguna vez fueron considerados de alta especialidad, van ubicándose en grados cada vez más elementales de la formación escolar, por lo pronto se exige familiaridad con esos temas en casi cualquier posgrado y ni qué decir en las licenciaturas de matemáticas, física, ingenierías, cómputo, economía, finanzas, administración e incluso leyes y filosofía. El tema de *Funciones*, que se presenta como obligada extensión de las *Relaciones* definidas en conjuntos, es fundamental para el estudio del *Cálculo diferencial e integral* y de temas avanzados como el *Análisis matemático*, la *Topología* y otros.

Comenzamos la exposición con las dificultades para definir el concepto de *conjunto*, desarrollamos el tema por medio de algunas definiciones de conceptos y analizamos sus propiedades y las verificamos por medio de una **demostración**. Aquí obtendremos nuestro primer logro, comprender qué es una demostración y saber cuándo una propiedad ha quedado demostrada y por lo tanto establecida su veracidad o validez.

Y así transcurre la presentación, definimos un concepto, vemos cuáles son los objetos que cumplen esa definición, vemos cómo son los objetos que **no** cumplen con la definición, exhibimos **ejemplos** y **contraejemplos** de quienes cumplen y de quienes no cumplen con la definición y enunciamos propiedades de esos objetos, generalmente como *Afirmaciones*, *Propiedades* o *Teoremas*, cada una seguida de su **Demostración**. Señalamos el final de un Ejemplo y de una Demostración con el símbolo ☺.

Complementamos los ejemplos con *Ejercicios* que son para eso, para desarrollar el manejo del material recién presentado. Entre los temas mezclamos *Problemas* con los cuáles se pretende impulsar a quienes estudien esta obra a realizar su propio descubrimiento al resolverlos. Recomendamos que traten de resolver los problemas, aunque al final del libro está la solución de cada uno.

Manuel López Mateos
manuel@cedmat.net
http://cedmat.net
25 de junio de 2017

Capítulo 1

El lenguaje de los conjuntos

1.1. Estar o no estar

¿Qué es un *conjunto*? Cada vez que lo intentamos definir empleamos sinónimos como *reunión*, *agregado*, *colección* u otros. No es posible definir el concepto de *conjunto* por medio del lenguaje cotidiano.

GEORG CANTOR nació en Saint Petersburg, Rusia, el 3 de marzo de 1845 y murió el 6 de enero de 1918 en Halle, Alemania. Su trabajo se considera un "asombroso producto del pensamiento matemático y una de las más bellas realizaciones de la actividad humana"[a].

[a] Hilbert, D.. "Über das Unendliche". *Mathematische Annalen* 95 (1926): 161-190. euDML, p. 167.

El mismo GEORGE CANTOR (1845–1918), fundador de la teoría de conjuntos y de los números transfinitos, escribió[1] en 1895: *Por un "agregado" se entenderá cualquier colección parte de un todo M formado de objetos definidos y separados m de nuestra intuición o nuestro pensamiento. Estos objetos se llaman los "elementos" de M.*

Es muy útil la caracterización que dió RICHARD DEDEKIND (1831–1916), aunque usó la *vaga descripción* de que "un *conjunto* es un objeto de nuestro pensamiento, es como una cosa"[2], advirtió a continuación que un

---

[1] Cantor, G. "Beiträge zur Begründung der transfiniten Mengenlehre". *Mathematische Annalen*, Vol. XLVI, 1895, pp. 481–512. Traducido al inglés en CANTOR, *Contributions to the Founding of the Theory of Transfinite Numbers*), p.85.

[2] Dedekind, R. *Was sind und was sollen die Zahlen?* Drud und Berlag von Friedrich Biemeg und Sohn, p. 2, 1893. Traducido al inglés en DEDEKIND, *Essays on the Theory of Numbers*, p. 21

conjunto C **está bien definido** si *dado cualquier objeto, está determinado si es un elemento del conjunto C o no lo es*[3], lo cual permite trabajar con conjuntos sin tener que definirlos estrictamente, teniendo cuidado de no colocarnos en situaciones paradójicas, como en la llamada paradoja del barbero[4], donde se plantea la situación de un único barbero que afeita sólo *a quien no puede hacerlo por sí mismo* y se "define" a B como el "conjunto" de las **personas a quienes afeita el barbero**.

JULIUS WILHELM RICHARD DEDEKIND nació en Brunswick, Alemania, el 6 de octubre de 1831 y murió ahí mismo el 12 de febrero de 1916. Completó el proceso de aritmetización del análisis al caracterizar los números naturales, y por lo tanto a los números racionales, en términos de conjuntos KATZ, *A History of Mathematics*, p. 794.

Al usar el lenguaje de los conjuntos trataremos con objetos pertenecientes a un *universo*, o *total*, denotado con Ω —omega mayúscula, la última letra del alfabeto griego— con los cuales formaremos (siempre) **conjuntos bien definidos**, es decir que

dado un conjunto C y un objeto x de Ω, está determinado si x es un elemento de C o no lo es.

No siempre se menciona, de manera explícita, cuál es el conjunto universo Ω, supondremos que del contexto queda claro cuáles son los objetos considerados y que los conjuntos están **bien definidos**.

EJEMPLO 1.1. PARADOJA DEL BARBERO. En un poblado hay un único barbero[5] que afeita *sólo a quien no puede hacerlo por sí mismo*. Sea B el conjunto de personas a las que afeita el barbero. B no está bien definido como conjunto pues no está determinado si el barbero, a quien denotaremos con b, pertenece o no a B. Si b pertenece a B, entonces b es una de las personas a quienes afeita el barbero ¡pero b es el barbero! Es decir, b es afeitado por b, luego b se afeita a sí mismo y, por lo tanto, b no puede ser de las personas que afeita el barbero, es decir, no es elemento de B. Suponer que b pertenece a B **implica** que b no pertenece a B. Es fácil obtener la

---

3 DEDEKIND, *Essays on the Theory of Numbers*, p. 2.
4 LÓPEZ MATEOS, *Cálculo diferencial e integral, Borrador 1*.
5 En la presentación de *La Paradoja de Russell* en WIKIPEDIA hay un resumen de un cuento que escribí hace tiempo imitando el estilo de *Las Mil y Una Noches*, el original de mi cuento está en LÓPEZ MATEOS, *Los Conjuntos*, pp. 4–9.

conclusión recíproca: suponer que b **no** pertenece a B y concluir que b **sí** pertenece a B.

B **no está bien definido** como conjunto pues no está determinado si el objeto b **es** o **no es** un elemento de B. ☺

Definición 1.1. Pertenencia. Si C es un conjunto y x es un objeto (de Ω) que pertenece a C escribimos

$$x \in C,$$

que se lee x *es un elemento de* C, x *pertenece a* C, o simplemente x *está en* C. El símbolo '∈' para denotar pertenencia viene de la letra griega *epsilon*, ε, se usa como abreviación de la palabra griega *esti* que significa *está*.

En caso de que el objeto x no pertenezca al conjunto C, es decir no sea un elemento de C, usamos el símbolo '∉' y escribimos

$$x \notin C,$$

que se lee x *no es un elemento de* C, x *no pertenece a* C, o simplemente x *no está en* C.

Usaremos letras mayúsculas, como A, B, ..., X, Y, Z, para denotar conjuntos y letras minúsculas para denotar a los elementos, como a, b, c, ..., x, y, z.

Descripción y listas

Al referirnos a los elementos de un conjunto podemos describirlos:

> El conjunto de los nombres de mis hermanos y hermanas,

o podemos listarlos:

> Miguel Ángel, Rocío y Amelia.

Consideramos los nombres de personas como el universo Ω.

Usamos llaves { } alrededor de la descripción y de la lista.

La descripción la escribimos así:

$$H = \{\, \text{nombres} \mid \text{son los de mis hermano(a)s}\,\},$$

que se lee: H es el conjunto de nombres *tales que* (la raya vertical "|" se lee *tal*, o *tales, que*) son los de mis hermano(a)s.

Colocamos la lista entre llaves:

$$H = \{\text{Miguel Ángel, Rocío, Amelia}\}.$$

Usando los símbolos recién descritos vemos que

$$\text{Amelia} \in H, \quad \text{mientras que} \quad \text{Dora} \notin H.$$

Ejemplo 1.2. Escribimos la descripción del conjunto de los **continentes** de nuestro planeta como:

$$C = \{\text{continentes} \mid \text{son del planeta Tierra}\},$$

los listamos como:

$$C = \{\text{Africa, América, Asia, Europa, Oceanía}\}.$$

Simbólicamente,

$$\text{Asia} \in C, \quad \text{mientras que} \quad \text{Italia} \notin C.$$

Podemos considerar el conjunto universo Ω como los nombres de continentes, sin importar el planeta. ☺

Ejemplo 1.3. El Mercado Común del Sur (Mercosur) es un proceso de integración regional instituido inicialmente por Argentina, Brasil, Paraguay y Uruguay al cual en fases posteriores se han incorporado Venezuela y Bolivia, ésta última en proceso de adhesión.

El Mercosur[6] es un proceso abierto y dinámico. Desde su creación tuvo como objetivo principal propiciar un espacio común que generara oportunidades comerciales y de inversiones a través de la integración competitiva de las economías nacionales al mercado internacional.

Describimos a los países participantes en el Mercosur como

$$P = \{\text{países} \mid \text{participan en el Mercosur}\},$$

los listamos como

$$P = \{\text{Argentina, Brasil, Paraguay, Uruguay, Venezuela, Bolivia}\}$$

Podemos escribir que

$$\text{Uruguay} \in P, \quad \text{y que, por ejemplo,} \quad \text{España} \notin P.$$

El contexto en el que ubicamos este conjunto P es de países, y ese será el universo considerado. ☺

---

[6] Ver la página de Internet del Mercosur.

Actividad 1.1. BOLIVIA Y EL MERCOSUR. ¿Qué discusión puede suscitarse acerca de Bolivia y el conjunto P del ejemplo anterior? Documenta tus afirmaciones.

Ejemplo 1.4. Según WIKIPEDIA[7], las principales **industrias** de Colombia son agricultura, alimenticia, bebidas, calzado, equipos mecánicos y de transporte, floricultura, ganadería minería, petrolera, química y textiles. Describimos el conjunto

$$I = \{ \text{industrias} \mid \text{son principales en Colombia} \},$$

lo listamos como

$I = \{$agricultura, alimenticia, bebidas, calzado,
equipos mecánicos y de transporte, floricultura, ganadería,
minería, petrolera, química, textiles$\}$.

Usando el símbolo $\in$ de pertenencia a conjuntos, escribimos que

$$\text{química} \in I \quad \text{y} \quad \text{electrónica} \notin I.$$

El universo se considera como los nombres de industrias. ☺

Actividad 1.2. CONJUNTOS EN NOTICIAS. En algún artículo periodístico escojan una noticia de actualidad y ubiquen varios ejemplos de conjuntos, descríbanlos, listen sus componentes y digan en qué universo están considerando los objetos. Escriban simbólicamente la pertenencia de algunos de sus elementos y ubiquen objetos del universo que no pertenezcan al conjunto en cuestión.

Recuerden que para usar conjuntos, estos deben estar *bien definidos*, es decir **que dado un objeto del universo esté determinado si el objeto pertenece o nó al conjunto en cuestión**.

En el lenguaje de los conjuntos y en lógica, se utilizan los **diagramas de Euler** y los **diagramas de Venn** para ilustrar la ubicación de elementos de varios conjuntos y para representar proposiciones lógicas. Los usamos para describir situaciones no sólo en matemáticas, los conjuntos y la lógica se usan en los más diversos ámbitos. En la Sección 4.3 de la página 78 nos ocuparemos de ellos, mientras usaremos inocentes diagramas intuitivos como en la figura siguiente, donde vemos conjuntos y objetos o *puntos* —de hecho, a los elementos de un conjunto les llamaremos *puntos* del conjunto.

---

[7] *La Economía de Colombia* en WIKIPEDIA.

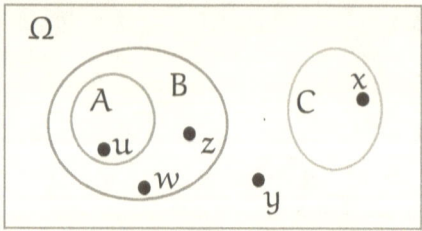

Figura 1.1 En el universo Ω vemos conjuntos y puntos.

En la Figura 1.1 son evidentes las siguientes relaciones de pertenencia,

$$z \in B, \quad z \notin A, \quad y \notin C, \quad u \in A, \quad u \in B, \quad x \in C.$$

Hay un conjunto que no vemos, el *conjunto vacío*, que no tiene elementos y denotamos con ∅. Dado cualquier objeto x del universo Ω tenemos que $x \notin \emptyset$.

No debe asustarnos este conjunto sin elementos, lo podemos pensar análogo al número cero: Si tengo 4 naranjas, doy 3 a Lupita y 1 a Juanito, ¿con cuántas naranjas me quedo? Pues con 0 naranjas. De manera análoga, si tengo una caja con pelotas rojas, amarillas y verdes, ¿cuál es el conjunto de las pelotas azules en la caja? Pues el conjunto vacío.

Definición 1.2. El conjunto vacío. El conjunto *vacío*, que denotamos con ∅, es el conjunto que no tiene elementos.

Ejemplo 1.5. Si $\Omega = \{1, 3, 5, 7, 9\}$ encuentra el conjunto

$$P = \{x \in \Omega \mid x \text{ es par}\}.$$

Solución. Al examinar los elementos de Ω, vemos que no hay ahí números pares, así el conjunto de elementos de Ω que son números pares es el conjunto vacío, es decir $P = \emptyset$. ☺

No confundan el conjunto vacío, ∅, con el conjunto cuyo único elemento es el conjunto vacío, $A = \{\emptyset\}$. El conjunto vacío no tiene elementos, mientras que el conjunto A tiene un elemento.

Ejercicios 1.1. Describe, por medio de conjuntos,

1. Las temperaturas promedio de los 5 días anteriores.

2. Los días festivos del presente año.

3. Los estados del agua.

4. La vegetación de tu país.

5. Tus fronteras.

6. El producto interno bruto de los últimos diez años.

7. Los desastres naturales que incidieron en tu región el año pasado.

8. Los planetas cercanos al Sol.

Complemento

Dado un conjunto A, los objetos del universo Ω pueden clasificarse en dos, los que pertenecen a A y los que **no** pertenecen a A.

Definición 1.3. Complemento. Al conjunto de los objetos de Ω que *no pertenecen a* A le llamamos el *complemento* de A y lo denotamos con A^c, que se lee *"A complemento"*. Esto es,

$$A^c = \{x \in \Omega \mid x \notin A\},$$

que se lee: A complemento es igual al conjunto de los elementos x de Ω tales que no pertenecen a A. También se escribe $\complement A$ o $\complement_\Omega A$.

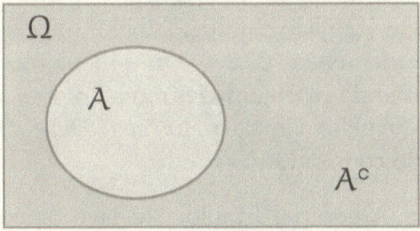

Figura 1.2 A y el complemento de A.

Ejemplo 1.6. Sea Ω el conjunto de los meses del año y M el conjunto de meses que tienen 31 días. ¿Cuál es M^c?

Solución. El conjunto universo Ω es el conjunto de los meses del año, y M el conjunto de los meses que tienen 31 días, nos piden que digamos cuál es el conjunto complemento de M, es decir los meses que *no* tienen 31 días. Para ello podemos hacer una tabla con los nombres de los meses en una columna y el número de días que tiene cada uno, en otra. Así podremos ver cuáles son los nombres que nos piden. Es decir, la respuesta será el conjunto de meses del año que no tienen 31 días.

1. El lenguaje de los conjuntos

Mes	Días
Enero	31
Febrero	28/29
Marzo	31
Abril	30

Mes	Días
Mayo	31
Junio	30
Julio	31
Agosto	31

Mes	Días
Septiembre	30
Octubre	31
Noviembre	30
Diciembre	31

En la tabla vemos que los meses que no tienen 31 días son febrero, abril, junio, septiembre y noviembre. Aunque en la historia ha habido 30 de febrero[8], no habrá 31. Así, la respuesta es

$$M^c = \{ \text{febrero, abril, junio, septiembre, noviembre} \}.$$ ☺

Ejemplo 1.7. Según el documento *Perú: Estimaciones y Proyecciones de población total y por sexo de las ciudades principales, 2000–2015*[9], la población estimada para 2015 de las principales **ciudades** del Perú es de:

$$\begin{array}{ll} \text{Lima} & 9{,}886{,}647 \\ \text{Arequipa} & 869{,}351 \\ \text{Trujillo} & 799{,}550 \end{array} \quad \begin{array}{ll} \text{Chiclayo} & 600{,}440 \\ \text{Iquitos} & 437{,}376 \\ \text{Piura} & 436{,}440 \end{array}$$

De las ciudades mencionadas, el conjunto X de las ciudades que tienen menos de 700,000 habitantes es X = {Chiclayo, Iquitos, Piura}, el complemento de X es X^c = {Lima, Arequipa, Trujillo}, cuyos elementos son las ciudades del Perú que tienen 700,000 o más habitantes.

Si Y es el conjunto de esas ciudades cuyo nombre *termina* con la letra "a", entonces Y^c = {Trujillo, Chiclayo, Iquitos}. Del contexto se infiere que el conjunto universo considerado es

$$\Omega = \{\text{Lima, Arequipa, Trujillo, Chiclayo, Iquitos, Piura}\}.$$ ☺

Ejemplo 1.8. El grupo de pueblos indígenas mesoamericanos perteneciente a la familia Maya tradicionalmente han habitado en los estados mexicanos de Yucatán, Campeche, Tabasco y Chiapas, en la mayor parte de Guatemala y en regiones de Belice y Honduras. Denotemos con M al conjunto de países americanos donde habitan pueblos mayas, así,

$$M = \{\text{México, Guatemala, Belice, Honduras}\}.$$

Vemos que Ecuador $\notin$ M, es decir, Ecuador está en el complemento de M que es el conjunto de los países americanos que *no* están en M. ☺

---

[8] Véase *30 de febrero* en Wikipedia.
[9] Fuente: *Instituto Nacional de Estadística e Informática* del Perú.

Cuando se listan los elementos de un conjunto, basta hacerlo una vez.

No hay distinción entre $\{3,3,3,2,2\}$ y $\{2,3\}$, se trata del mismo conjunto. En la lista de los elementos de un conjunto aparecen ellos, *no cuántas veces están considerados*.

EJEMPLO 1.9. Si P es el conjunto de las letras en la palabra *colorada*, tenemos que $P = \{c, o, l, r, a, d\}$. No importa que en la palabra aparezca dos veces la letra 'o', o la letra 'a'. ☺

No importa el orden en que se coloquen los elementos de un conjunto.

EJEMPLO 1.10. Acerca del conjunto P del ejemplo anterior,

$$P = \{c, o, l, r, a, d\} = \{a, c, d, l, o, r\}. \quad ☺$$

PROBLEMA 1.1
¿Cuáles son los departamentos de Costa Rica que no tienen costa?

PROBLEMA 1.2
Con los datos del Ejemplo 1.8 de la página 8, describe el conjunto S de los países sudamericanos que pertenecen a la zona Maya.

1.2. Contención e igualdad

En la Figura 1.1 de la página 6, vemos que hay objetos del universo Ω que pertenecen a varios conjuntos, $u \in A$ pero además $u \in B$, de hecho en esa figura todos los puntos de A pertenecen, a su vez, a B, es decir, A está contenido en B, o A es un subconjunto de B. Lo escribimos $A \subseteq B$. El símbolo $\subseteq$ se lee *es subconjunto de*.

DEFINICIÓN 1.4. SUBCONJUNTO. Sean A y B dos conjuntos en Ω, decimos que A es un **subconjunto** de B, o que A está *contenido* en B, y lo escribimos $A \subseteq B$, si cada elemento de A es también un elemento de B.

Según la definición, A es un subconjunto de B si

$$x \in A \Rightarrow x \in B,$$

lo cual se lee *si x es un elemento de A entonces x es un elemento de B*, o simplemente, x *en* A *implica* x *en* B.

EJEMPLO 1.11. En la escuela primaria JUSTO SIERRA[10] hay grupos de los grados del 1° al 6°, sea Ω el conjunto de estudiantes.

---

[10] Vean *Justo Sierra* en WIKIPEDIA

- El conjunto de estudiantes de sexto grado es un subconjunto de Ω.
- El conjunto de alumnas de sexto grado es un subconjunto del de estudiantes de sexto grado.
- El conjunto de las alumnas de sexto grado que cumplen años en el mes de marzo es un subconjunto de las alumnas de sexto grado.

☺

Sea C un conjunto, y a un elemento de C. No es lo mismo el elemento a de C que el subconjunto de C formado sólo por el elemento a, es decir $a \neq \{a\}$. Las relaciones válidas son: $a \in C$, $a \in \{a\}$ o $\{a\} \subseteq C$.

Veamos algunos ejemplos de subconjuntos y cómo emplear el concepto de *contención*.

Ejemplo 1.12. Sea el conjunto universo $\Omega = \{1, 2, 3, 4, 5, 6, 7, 8, 9, 10\}$ y consideremos los conjuntos

$$A = \{x \in \Omega \mid x \text{ es múltiplo de } 4\} = \{4, 8\}$$

y

$$B = \{x \in \Omega \mid x \text{ es múltiplo de } 2\} = \{2, 4, 6, 8\}.$$

Claramente cada múltiplo de 4 es un múltiplo de 2, es decir, cada elemento de A es un elemento de B, luego A está *contenido* en B,

$$x \in A \Rightarrow x \in B, \text{ luego } A \subset B.$$

Decimos también que B *contiene* a A, lo cual escribimos $B \supseteq A$, mediante el símbolo $\supseteq$ que también se lee *es un supraconjunto de*. ☺

Ejemplo 1.13. Inspirados en el ejemplo anterior, si nuestro universo es $\mathbb{N}$, el conjunto de los números naturales, es decir el conjunto de números que usamos para contar,

$$\mathbb{N} = \{1, 2, 3, \dots\}$$

tenemos que todo múltiplo de 4 es un múltiplo de 2.[11]

Si C es el conjunto de los múltiplos de 4 y D es el conjunto de múltiplos de 2 en el pie de página hemos demostrado que $C \subseteq D$. Ahora bien, ¿es cierto que 32 es múltiplo de 4? La respuesta es *sí*, pues $32 = 4 \times 8$. Entonces, por la contención $C \subseteq D$, 32 es múltiplo de 2.

En resumen, todo múltiplo de 4 es un múltiplo de 2, el número 32 es un múltiplo de 4, luego el 32 es un múltiplo de 2.

En el lenguaje de los conjuntos, $C \subseteq D$, $32 \in C$, luego $32 \in D$. ☺

---

[11] ¡Claro! si un número natural p es múltiplo de 4 entonces debe ser de la forma $4n$ para algún $n \in \mathbb{N}$, pero $4n = (2 \times 2)n = 2(2n)$, es decir que $4n$ es de la forma $2(2n)$ que es un múltiplo de 2.

1.2. Contención e igualdad

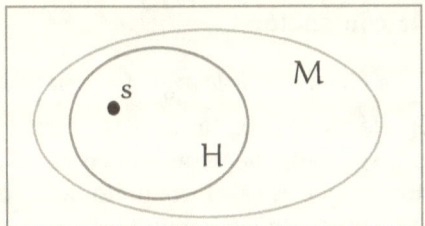

Figura 1.3 Todos los hombres son mortales.

Apliquemos el razonamiento ilustrado en el ejemplo anterior al muy conocido silogismo.

Ejemplo 1.14. Sea M el conjunto de los seres mortales y H el conjunto de los hombres. Denotemos con s a Sócrates. Tenemos que $H \subseteq M$, es decir que si $x \in H$ entonces $x \in M$, lo cual significa que si x es hombre entonces x es mortal, o más claramente *Todos los hombres son mortales*. En particular $s \in H$, es decir *Sócrates es hombre*, por la definición de contención tenemos que $x \in M$, es decir *Sócrates es mortal*.

Todos los hombres son mortales,	$H \subseteq M$,	(es decir $x \in H \Rightarrow x \in M$)
Sócrates es hombre,	$s \in H$,	
Luego Sócrates es mortal.	Luego $s \in M$.	☺

Definición 1.5. Subconjunto propio. Sean A y B dos conjuntos tales que $A \subseteq B$. Si existe algún elemento $y \in B$ tal que $y \notin A$ decimos que A es un *subconjunto propio* de B y lo expresamos con el símbolo $\subset$,

$$A \subset B.$$

Para que A sea un subconjunto propio de B se debe cumplir que:

i) $A \subseteq B$,

ii) exista $x \in B$ tal que $x \notin A$.

Ejemplo 1.15. En el Ejemplo 1.12 de la página 10, tenemos que $A \subseteq B$ y además, el número $6 \in B$ (es un múltiplo de 2) pero $6 \notin A$ (6 no es múltiplo de 4), es decir, A es un subconjunto propio de B. ☺

Cuando A es un subconjunto propio de B, el conjunto A no abarca todo B, es decir, hay elementos de B que no están en A.

Propiedades de la contención

Propiedad. 1.1. *En la Figura 1.2 de la página 7 vemos que* $A \subseteq \Omega$.

Demostración. En efecto, los conjuntos están formados por elementos de un universo Ω, luego cada elemento del conjunto A es un elemento de Ω, tenemos entonces que A es subconjunto de Ω, es decir, se cumple la propiedad $A \subseteq \Omega$ para cualquier conjunto A. ☺

Propiedad. 1.2. *El conjunto vacío es un subconjunto de cualquier conjunto, es decir, si A es un subconjunto de* Ω,

$$\emptyset \subseteq A.$$

Demostración. La definición exige comprobar (para que un conjunto esté contenido en otro) que cada elemento del primer conjunto sea un elemento del segundo, ¿podemos verificar que cada elemento del conjunto vacío es un elemento de Ω?, ¿cómo, si el vacío no tiene elementos? Veamos,

> ¿pueden exhibir *algún* elemento del vacío que *no* esté en Ω? No pueden pues el vacío no tiene elementos. ¡Ah, entonces como no hay elementos del vacío que *no* estén en Ω, todos están! ☺

Truculento ¿verdad?, en Dieudonné, *Foundations of Modern Analysis*, p. 2, se define el conjunto vacío de un universo Ω como $\emptyset_\Omega = \{x \in \Omega \mid x \neq x\}$, es decir, los elementos del conjunto vacío son los elementos de Ω que son distintos a sí mismos: claramente nadie cumple con eso.

En el Capítulo 4 sobre *Lógica y conjuntos* usaremos esa definición para otra demostración[12] de que $\emptyset \subseteq A$ para cualquier conjunto A.

Ejemplo 1.16. Sea $\Omega = \{a, b, c\}$. Halla todos los subconjuntos de Ω.

Solución. Los subconjuntos son $\emptyset$, $\{a\}$, $\{b\}$, $\{c\}$, $\{a, b\}$, $\{a, c\}$, $\{b, c\}$ y el mismo $\Omega = \{a, b, c\}$. Son ocho subconjuntos. ☺

Definición 1.6. Conjunto potencia. Al conjunto de *todos* los subconjuntos de un conjunto dado A se le llama el **conjunto potencia** de A y se denota con 2^A.

Los elementos de 2^A son conjuntos. A un conjunto de conjuntos se le llama *familia*.

---

[12] Para una discusión informal ver López Mateos, *Cálculo diferencial e integral, Borrador 1*, p. 24;

EJEMPLO 1.17. En el Ejemplo 1.16 anterior, vimos que si $\Omega = \{a,b,c\}$, todos los subconjuntos de Ω son $\emptyset, \{a\}, \{b\}, \{c\}, \{a,b\}, \{a,c\}, \{b,c\}$ y el mismo $\Omega = \{a,b,c\}$. Así, el *conjunto potencia* de Ω es la *familia* de todos los subconjuntos de Ω,

$$2^\Omega = \{\emptyset, \{a\}, \{b\}, \{c\}, \{a,b\}, \{a,c\}, \{b,c\}, \{a,b,c\}\}.$$

Así, tenemos que $\{b,c\} \in 2^\Omega$ mientras que $\{\{b\},\{c\}\} \subseteq 2^\Omega$. ☺

EJEMPLO 1.18. Como habrán visto en el ejemplo anterior, un conjunto puede ser un elemento de otro conjunto. Si

$$\Omega = \{1,2,3,4,5,6,7\},$$

los siguientes son conjuntos bien definidos:

$$A = \{6,2,3\}, \quad B = \{3,\{1,7\}\}, \quad C = \{\{4\},\{4,7\}\}. \quad ☺$$

PROPIEDAD. 1.3. *Sean A y B dos conjuntos. Si* $A \subseteq B$ *entonces* $B^c \subseteq A^c$.

DEMOSTRACIÓN. La hipótesis es que $A \subseteq B$, es decir, que $x \in A \Rightarrow x \in B$. Nos piden demostrar que $B^c \subseteq A^c$, es decir que si $x \in B^c$ entonces $x \in A^c$. Sea pues $x \in B^c$, esto quiere decir que x es un elemento de B^c, por definición de complemento tenemos entonces que $x \notin B$, pero si x no es un elemento de B tampoco puede ser elemento de A (pues como $A \subseteq B$, si $x \in A$ entonces $x \in B$), es decir $x \notin A$, lo cual implica que $x \in A^c$. Hemos demostrado que si $x \in B^c$ entonces $x \in A^c$, es decir, que $B^c \subseteq A^c$, lo cual se ilustra en la Figura. 1.4 a continuación. ☺

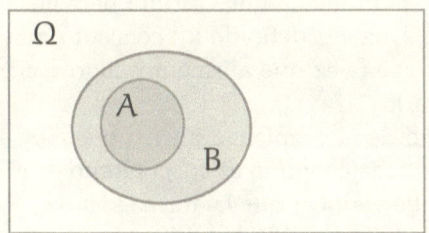

FIGURA 1.4 $A \subseteq B$ ¿pueden ver que $B^c \subseteq A^c$?

EJERCICIOS 1.2.

1. Si Ω es el conjunto de los elementos que aparecen en la **Tabla Periódica de los Elementos**[13], halla los siguientes subconjuntos de Ω: el conjunto A de los **metales alcalinos**, el conjunto B de los **actínidos** y el conjunto C de los **gases nobles**.

---

[13] Vean la *Tabla Periódica de los Elementos* en WIKIPEDIA

2. Denotemos con A el conjunto de países del continente americano. ¿Cuál es el subconjunto S de A formado por los países del subcontinente llamado **América del Sur**?

3. Del conjunto S del ejercicio anterior halla los siguientes subconjuntos: D de los países andinos E de los países donde el idioma *predominante* es el español.

4. ¿Es cierto que $A \subset A$, para cualquier conjunto A? Justifica tu respuesta.

Las relaciones de *contención* y *contención propia* entre dos conjuntos cumplen con una propiedad importante, son *transitivas*, es decir que si A está contenido en B, y B está contenido en C, entonces A está contenido en C. El símbolo "$\Rightarrow$" se lee *entonces* o *implica*. Así, la expresión

$$A \subseteq B \text{ y } B \subseteq C \Rightarrow A \subseteq C$$

también se lee A *contenido en* B y B *contenido en* C **implica** A *contenido en* C.

PROPIEDAD. 1.4. *Si A, B y C son conjuntos de un universo* Ω, *se cumplen las siguientes propiedades de la* **contención**.

i) $A \subseteq A$, *la contención es* **reflexiva**.

ii) *Si* $A \subseteq B$ *y* $B \subseteq C$ *entonces* $A \subseteq C$, *la contención es* **transitiva**.

DEMOSTRACIÓN. Esta propiedad nos servirá para ilustrar lo que significa una demostración. Una vez definido un concepto, en este caso la *contención* de conjuntos, cada vez que afirmemos algo acerca de la *contención*, debemos demostrarlo.

El primer punto de la propiedad afirma que si A es un conjunto entonces $A \subseteq A$, que cada conjunto es subconjunto de sí mismo. ¿Cómo se demuestra? Hay que verificar que la afirmación $A \subseteq A$ cumple la definición. ¿Qué pide la definición? Pide verificar que cada elemento de A es también un elemento de B, es decir que $x \in A \Rightarrow x \in B$.

La afirmación es que $A \subseteq A$, así, hay que verificar que si x es un elemento de A entonces x es un elemento de A. ¿Es cierto? ¡Claro! *si x está en A entonces x está en A*, luego $A \subseteq A$.

En la segunda propiedad tenemos dos hipótesis, que $A \subseteq B$ y que $B \subseteq C$, hay que demostrar que $A \subseteq C$.

$A \subseteq B$ significa que cada elemento de A es un elemento de B; $B \subseteq C$ significa que cada elemento de B es un elemento de C. Queremos ver si es cierto que cada elemento de A es un elemento de C. Tomamos entonces

1.2. Contención e igualdad

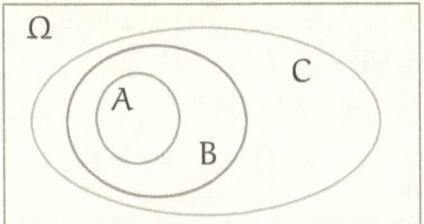

Figura 1.5 A es subconjunto de B que a su vez es subconjunto de C, luego A es subconjunto de C.

x un elemento de A, pero x ∈ A ⇒ x ∈ B es decir x está en B, pero x ∈ B ⇒ x ∈ C, luego x ∈ C. Hemos visto que si x ∈ A entonces x ∈ C, es decir, hemos demostrado que si A ⊆ B y B ⊆ C entonces A ⊆ C. ☺

Propiedades de la igualdad

Definición 1.7. Igualdad. Dos conjuntos A y B son *iguales*, lo escribimos A = B, si se cumple que

$$A \subseteq B \quad y \quad B \subseteq A.$$

Podemos expresar la definición de igualdad entre conjuntos usando el símbolo "⇔" que representa la equivalencia lógica entre dos afirmaciones

$$A = B \Leftrightarrow A \subseteq B \quad y \quad B \subseteq A,$$

que se lee

A es igual a B **si, y sólo si**,
A está contenido en B y B está contenido en A.

Para demostrar que dos conjuntos son iguales hay que demostrar que se cumple la *doble contención*, es decir que el primer conjunto está contenido en el segundo *y* que el segundo está contenido en el primero.

Ejemplo 1.19. El conjunto P de los números primos menores que 10 es igual al conjunto T = {2, 3, 5, 7} pues cada elemento de P es un elemento de T y cada elemento de T está en P. ☺

Propiedad. 1.5. *Dado un conjunto A, el complemento del complemento del conjunto es el conjunto, es decir* $(A^c)^c = A$.

DEMOSTRACIÓN. Como se trata de una igualdad de conjuntos, hay que demostrar que se cumple la doble contención, es decir, que $(A^c)^c \subseteq A$ y que $A \subseteq (A^c)^c$.

Para demostrar que se cumple cada una de las contenciones de conjuntos, hay que verificar que cada elemento del primer conjunto es un elemento del segundo conjunto, así, sea $x \in (A^c)^c$, por definición de complemento $x \notin A^c$, nuevamente por definición de complemento tenemos que $x \in A$, luego $(A^c)^c \subseteq A$.

De manera recíproca, si $x \in A$ entonces no puede estar en su complemento, es decir $x \notin A^c$, pero si x no está en ese conjunto entonces está en su complemento, es decir $x \in (A^c)^c$, concluimos que $A \subseteq (A^c)^c$ y con ello la igualdad deseada. ☺

PROPIEDAD. 1.6. *El complemento del conjunto vacío es el total*, $\emptyset^c = \Omega$.

DEMOSTRACIÓN. Para verificar que dos conjuntos, digamos A y B, son iguales debemos corroborar que cada elemento del primer conjunto es un elemento del segundo y *viceversa*, que cada elemento del segundo conjunto es un elemento del primero.

En este caso los conjuntos son $\emptyset^c$ y Ω, debemos hacer ver que $\emptyset^c \subseteq \Omega$ y que $\Omega \subseteq \emptyset^c$.

Por la Propiedad 1.1 de la página 12, sabemos que cualquier conjunto es subconjunto del total, así que $\emptyset^c \subseteq \Omega$. Ahora bien, si x está en Ω no puede estar en el vacío (nadie está), luego está en su complemento, es decir $x \in \emptyset^c$. ☺

PROPIEDAD. 1.7. *El complemento del total es el vacío*, $\Omega^c = \emptyset$.

DEMOSTRACIÓN. ¿La intentan? ☺

PROPIEDAD. 1.8. *La relación de **igualdad entre conjuntos** es*

1. **Reflexiva**, *es decir* $A = A$,

2. **Simétrica**, *es decir si* $A = B$ *entonces* $B = A$ *y*

3. **Transitiva**, *es decir, si* $A = B$ *y* $B = C$ *entonces* $A = C$.

DEMOSTRACIÓN. Queda como Problema. ☺

PROBLEMA 1.3

Al afirmar que se cumple una propiedad es necesario verificar que se cumple su definición. También es importante dirimir cuándo *no* se cumple una propiedad, es decir, cuándo *no* se cumple la definición. Sean A y B dos conjuntos, ¿qué significa que A *no sea* un subconjunto de B?

Problema 1.4

Analiza los conjuntos X y Y definidos en el Ejemplo 1.7 de la página 8, ¿es cierto que $X \subseteq Y$?

Problema 1.5

En la escuela del Ejemplo 1.11 de la página 9, sea A el conjunto de las alumnas de sexto grado y B el conjunto de las alumnas de sexto grado que cumplen años en el mes de marzo. ¿Es cierto que $A \subseteq B$? ¿Es cierto que $A^c \subseteq B^c$?

Problema 1.6

Demuestra la Propiedad 1.7 de la página 16: El complemento del total es el vacío, es decir $\Omega^c = \emptyset$.

Problema 1.7

Demuestra que la relación de igualdad entre conjuntos es reflexiva, simétrica y transitiva, según se afirma en la Propiedad 1.8 de la página 16.

1.3. Intersección y unión

Las dos operaciones principales entre conjuntos son la **intersección** y la **unión**. La primera describe a los objetos **comunes** a los dos conjuntos, la segunda describe a los objetos **de los dos** conjuntos.

Definición 1.8. Intersección. El conjunto *intersección* de los conjuntos A y B está formado por los objetos que pertenecen a A *y* que pertenecen a B. Lo denotamos con $A \cap B$ y escribimos

$$A \cap B = \{x \in \Omega \mid x \in A \text{ y } x \in B\},$$

que se lee A *intersección* B *es igual al conjunto de los puntos* x *en* Ω *tales que* x *pertenece a* A *y* x *pertenece a* B.

Definición 1.9. Unión. El conjunto *unión* de los conjuntos A y B está formado por los objetos que pertenecen a A *o* que pertenecen a B, *o* pertenecen a ambos. Lo denotamos con $A \cup B$ y escribimos

$$A \cup B = \{x \in \Omega \mid x \in A \text{ o } x \in B\},$$

que se lee A *unión* B *es igual al conjunto de los puntos* x *en* Ω *tales que* x *pertenece a* A *o* x *pertenece a* B, *o pertenece a ambos*.

Para que un objeto x pertenezca a $A \cap B$ **debe estar** en A y en B, debe estar en los dos conjuntos.

1. El lenguaje de los conjuntos

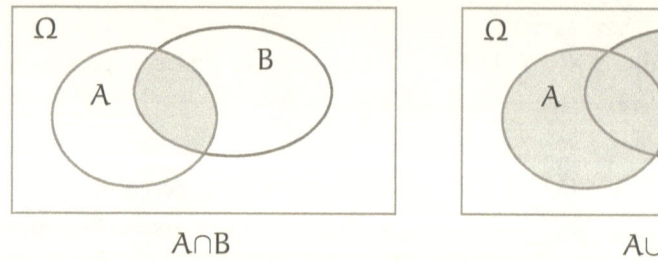

Figura 1.6 Las partes sombreadas representan la intersección y la unión de dos conjuntos, respectivamente.

Para que un objeto x pertenezca a A ∪ B
basta con que pertenezca a alguno de los dos,
basta con que esté en uno de ellos.

Ejemplo 1.20. Sea $\Omega = \{1,2,3,4,5,6\}$ y los conjuntos $A = \{2,3,5,6\}$, $B = \{1,2,4,5\}$ y $C = \{1,3,5\}$.

Tenemos que $A \cap B = \{2,5\}$, $A \cap C = \{3,5\}$, y que $A \cup C = \{1,2,3,5,6\}$ y $A \cup B = \Omega$. ☺

Ejemplo 1.21. La intersección de los conjuntos X y Y de las ciudades del Ejemplo 1.7 de la página 8 es:

$$X \cap Y = \{\text{Piura}\},$$

formado por las ciudades que tienen menos de 700,000 habitantes *y* su nombre *termina* con la letra "a". Mientras que la unión es

$$X \cup Y = \{\text{Lima, Arequipa, Chiclayo, Iquitos, Piura}\},$$

formado por las ciudades que tienen menos de 700,000 habitantes *o* su nombre termina con la letra "a". ☺

Ejemplo 1.22. Cualquier aleación de cobre y estaño se llama bronce. Hay muchas aleaciones que contienen pequeñas cantidades de otros materiales. Al añadir fósforo se obtiene resistencia al uso, el bronce con plomo sirve para hacer partes móviles, con níquel se obtiene dureza y sirve para hacer engranes, con silicón se hace más fuerte para rodamientos y es resistente a la corrosión, se usa para hacer partes de barcos. Hay otras aleaciones de cobre sin estaño que también se llaman bronce, como el cobre con aluminio llamado bronce de aluminio, el cobre con zinc llamado latón y el cobre con zinc y manganeso llamado bronce de manganeso.

1.3. Intersección y unión

Expresamos como conjuntos a las aleaciones anteriores:

B = {cobre, estaño},   S = {cobre, estaño, silicón},
F = {cobre, estaño, fósforo},   A = {cobre, aluminio},
P = {cobre, estaño, plomo},   L = {cobre, zinc},
N = {cobre, estaño, níquel},   M = {cobre, manganeso}.

Claramente $F \cap N = B$, $M \cap A = \{cobre\}$, $S \cup P = \{$cobre, estaño, silicón, plomo$\}$ y $L \cup B = \{$cobre, estaño, zinc$\}$. ☺

Actividad 1.3. Países y organismos. Considera el conjunto de países del continente americano. Averigüa qué organismos o asociaciones de países representan las siguientes siglas y establece relaciones de contención entre ellas, analiza las intersecciones y ve si la unión de varios organismos constituyen otro. Determina a qué organismos pertenece tu país y a cuáles no: ALBA, ALCA, CAN, G3, BID, MCCA, TLCAN, CEPAL, FAO, OEA, OLADE, OLAS, ONU, OPANAL, OPEP, OSPAAL, OTAN, UNESCO.

Definición 1.10. Ajenos. Dos conjuntos A y B son *ajenos* si su intersección es el conjunto vacío, es decir

$$A \text{ y } B \text{ son ajenos} \Leftrightarrow A \cap B = \emptyset.$$

Ejemplo 1.23. El mejor ejemplo de conjuntos ajenos es A y su complemento. Son ajenos porque $A \cap A^c = \emptyset$. Dado $x \in A$ tenemos que $x \notin A^c$ y *viceversa*, si $x \in A^c$ por definición $x \notin A$, así A y A^c no tienen elementos en común. ☺

Ejemplo 1.24. Si X es el conjunto de países que limitan con el Océano Índico y Y es el conjunto de países que limitan con el Mar Caribe, claramente los conjuntos X y Y son ajenos. ☺

Problema 1.8

Para las preguntas de la 1 a la 5 considera que A es el conjunto de países del continente americano, y define:

$T = \{ x \in A \mid x \text{ limita con el Océano Atlántico} \}$,
$P = \{ x \in A \mid x \text{ limita con el Océano Pacífico} \}$.

1. Obtén $T \cap P$.

2. ¿Es cierto que $T^c = P$? ¿Por qué?

3. Halla $(T \cup P)^c$.

4. Define dos conjuntos, Q y R, de elementos de A que sean ajenos y que $Q \cup R \subseteq T$.

5. Encuentra un conjunto S tal que $S \subset T \cap P$.

Problema 1.9

Si E es el conjunto de los países que tienen frontera con Perú y N es el conjunto de los países que tienen frontera con Venezuela, ¿Cuál es $E \cap N$ y cuál $E \cup N$?

Propiedades de la intersección

Propiedad. 1.9. *La operación de intersección de conjuntos es:*

i) **Idempotente**, *es decir* $A \cap A = A$,

ii) **Conmutativa**, *es decir* $A \cap B = B \cap A$,

iii) **Asociativa**, *es decir* $(A \cap B) \cap C = A \cap (B \cap C)$.

Demostración.

i) Si $x \in A \cap A$ entonces, por definición de intersección tenemos que $x \in A$ y $x \in A$, concluyendo que $x \in A$, es decir $A \cap A \subseteq A$. Recíprocamente, si $x \in A$ entonces es cierto que $x \in A$ y que $x \in A$, luego $x \in A \cap A$, es decir $A \subseteq A \cap A$. Hemos mostrado la doble contención y por lo tanto que $A \cap A = A$.

ii) Si $x \in A \cap B$, por definición de intersección tenemos que $x \in A$ y $x \in B$, lo cual es equivalente a decir que $x \in B$ y $x \in A$, es decir, que $x \in B \cap A$, tenemos entonces que $A \cap B \subseteq B \cap A$. El recíproco se obtiene de manera similar $B \cap A \subseteq A \cap B$. Concluimos, por la doble contención, que $A \cap B = B \cap A$.

iii) Si $x \in (A \cap B) \cap C$, por definición de intersección tenemos que $x \in A \cap B$ y que $x \in C$, aplicando de nuevo la definición obtenemos $x \in A$ y $x \in B$ y $x \in C$, de donde $x \in A$ y $x \in B \cap C$, concluyendo que $x \in A \cap (B \cap C)$, es decir obtenemos que $(A \cap B) \cap C \subseteq A \cap (B \cap C)$ que es la primera parte de la doble contención. De manera análoga se obtiene la segunda parte $A \cap (B \cap C) \subseteq (A \cap B) \cap C$. Por lo tanto $(A \cap B) \cap C = A \cap (B \cap C)$. ☺

Teorema 1.1. *Si* A *y* B *son conjuntos tales que* $A \subseteq B$ *entonces* $A \cap B = A$.

1.3. Intersección y unión

DEMOSTRACIÓN. El teorema afirma que si se cumple la hipótesis $A \subseteq B$, entonces $A \cap B = A$, es decir que se cumple una igualdad entre conjuntos. Debemos demostrar que se cumple la doble contención. Para ello sea $x \in A \cap B$, por la definición de intersección tenemos que $x \in A$ y $x \in B$, es decir $x \in A$, luego $A \cap B \subseteq A$. Para la segunda contención, sea $x \in A$, por la hipótesis como $x \in A$ tenemos $x \in B$, luego $x \in A$ y $x \in B$, por lo tanto $x \in A \cap B$. Tenemos entonces que $A \cap B = A$. ☺

El anterior Teorema 1.1 tiene un *recíproco* en donde se intercambian la hipótesis y la conclusión,

TEOREMA 1.2. *Si A y B son conjuntos tales que* $A \cap B = A$ *entonces* $A \subseteq B$.

DEMOSTRACIÓN. Aquí la hipótesis es que $A \cap B = A$, queremos demostrar que si se cumple, entonces $A \subseteq B$, para ello, sea $x \in A$. Como $A = A \cap B$ entonces si $x \in A$ tenemos que $a \in A \cap B$; por definición de intersección, lo anterior implica que $x \in A$ y $x \in B$, es decir, $x \in B$, luego $A \subseteq B$. ☺

Los dos teoremas anteriores, el Teorema 1.1 y el Teorema 1.2 se pueden enunciar como uno solo:

TEOREMA 1.3. *Si A y B son conjuntos*, $A \subseteq B$ *si, y sólo si*, $A \cap B = A$.
Mismo que ya demostramos. ☺

EJERCICIOS 1.3.

1. Completa la demostración del inciso (ii) de la Propiedad 1.9, que $B \cap A \subseteq A \cap B$.

2. Completa la demostración del inciso (iii) de la Propiedad 1.9, que $A \cap (B \cap C) \subseteq (A \cap B) \cap C$.

3. Demuestra que $(A \cap B) \subseteq A$ para cualquier conjunto B.

PROBLEMA 1.10

Demuestra que se cumplen las siguientes propiedades de la *intersección*.

i) $A \cap \emptyset = \emptyset$. La intersección de un conjunto con el vacío es el vacío.

ii) $A \cap \Omega = A$. La intersección de un conjunto con el total es el conjunto.

iii) $A \cap A^c = \emptyset$. La intersección de un conjunto con su complemento es el vacío.

Propiedades de la unión

Propiedad. 1.10. *La operación de unión de conjuntos es:*

i) *Idempotente*, es decir $A \cup A = A$,

ii) *Conmutativa*, es decir $A \cup B = B \cup A$,

iii) *Asociativa*, es decir $(A \cup B) \cup C = A \cup (B \cup C)$.

Demostración.

i) Si $x \in A \cup A$ entonces, por definición de unión tenemos que $x \in A$ o $x \in A$, concluyendo que $x \in A$, es decir $A \cup A \subseteq A$. Recíprocamente, si $x \in A$ es cierto que $x \in A$ o que $x \in A$, luego $x \in A \cup A$, es decir $A \subseteq A \cup A$. Por la doble contención tenemos que $A \cup A = A$.

ii) Si $x \in A \cup B$, por definición de unión tenemos que $x \in A$ o $x \in B$, lo cual es equivalente a decir que $x \in B$ o $x \in A$, es decir, que $x \in B \cup A$, tenemos entonces que $A \cup B \subseteq B \cup A$. El recíproco se obtiene de manera similar $B \cup A \subseteq A \cup B$. Concluimos, por la doble contención, que $A \cup B = B \cup A$.

iii) Si $x \in (A \cup B) \cup C$, por definición de unión tenemos que $x \in A \cup B$ o $x \in C$, aplicando de nuevo la definición de unión obtenemos $x \in A$ o $x \in B$ o $x \in C$, de donde $x \in A$ o $x \in B \cup C$, concluyendo que $x \in A \cup (B \cup C)$, es decir obtenemos que $(A \cup B) \cup C \subseteq A \cup (B \cup C)$ que es la primera parte de la doble contención. De manera análoga se obtiene la segunda parte $A \cup (B \cup C) \subseteq (A \cup B) \cup C$. Por lo tanto $(A \cup B) \cup C = A \cup (B \cup C)$. ☺

Para la unión tenemos una propiedad análoga al Teorema 1.3,

Teorema 1.4. *Si A y B son conjuntos, $A \subseteq B$ si, y sólo si, $A \cup B = B$.*

Demostración. El teorema consta de dos afirmaciones:

i) Si $A \subseteq B$ entonces $A \cup B = B$.

ii) Si $A \cup B = B$ entonces $A \subseteq B$.

Vamos por partes,

i) En la primera, el teorema afirma que si se cumple la hipótesis $A \subseteq B$, entonces $A \cup B = B$, es decir que se cumple una igualdad entre conjuntos. Debemos demostrar que se cumple la doble contención. Para ello sea $x \in A \cup B$, por la definición de unión tenemos que $x \in A$ o $x \in B$, pero $x \in A$, por hipótesis, implica $x \in B$, luego $A \cup B \subseteq B$.

1.3. Intersección y unión

Para la segunda contención, sea $x \in B$, luego $x \in A$ o $x \in B$, por lo tanto $x \in A \cup B$, es decir $B \subseteq A \cup B$. Tenemos entonces que $A \cup B = B$.

ii) La hipótesis de la segunda parte es que $A \cup B = B$ y debemos demostrar que $A \subseteq B$. Para ello, sea $x \in A$, entonces se tiene que $x \in A$ o $x \in B$ para cualquier conjunto B, luego $x \in A \cup B$, y por hipótesis $A \cup B = B$, luego $x \in B$, es decir $A \subseteq B$. ☺

Ejercicios 1.4.

1. Si en el Ejemplo 1.11 de la página 9 definimos S como el conjunto de las alumnas de sexto grado y M como el conjunto de las alumnas de sexto grado que cumplen años en el mes de marzo, halla $S \cup M$.

2. Demuestra que $A \cup \emptyset = A$.

3. Completa la demostración del inciso (ii) de la Propiedad 1.10, que $B \cup A \subseteq A \cup B$.

4. Completa la demostración del inciso (iii) de la Propiedad 1.10, que $A \cup (B \cup C) \subseteq (A \cup B) \cup C$.

5. Demuestra que $A \subseteq (A \cup B)$ para cualquier conjunto B.

Ejemplo 1.25. Si A y B son dos conjuntos entonces $(A \cup B) \cap A = A$, pues $A \subseteq (A \cup B)$. ☺

Problema 1.11
Demuestra que se cumplen las siguientes propiedades de la *unión*.

i) $A \cup \emptyset = A$. La unión de un conjunto con el vacío es el conjunto.

ii) $A \cup \Omega = \Omega$. La unión de un conjunto con el total es el total.

iii) $A \cup A^c = \Omega$. La unión de un conjunto con su complemento es el total.

Leyes distributivas

Las operaciones de intersección y unión se relacionan por medio de las leyes distributivas que enunciamos a continuación.

Teorema 1.5. *Si A, B y C son conjuntos formados con elementos de Ω, se cumple que*

i) $A \cap (B \cup C) = (A \cap B) \cup (A \cap C)$, *la unión distribuye a la intersección.*

ii) $A \cup (B \cap C) = (A \cup B) \cap (A \cup C)$, *la intersección distribuye a la unión.*

DEMOSTRACIÓN.

i) Debemos mostrar que se cumple la doble contención

$$A \cap (B \cup C) \subseteq (A \cap B) \cup (A \cap C)$$
$$y \quad (A \cap B) \cup (A \cap C) \subseteq A \cap (B \cup C).$$

Para la primera contención debemos mostrar que cada elemento x en $A \cap (B \cup C)$ es, a su vez, un elemento de $(A \cap B) \cup (A \cap C)$,

$$\text{sea pues } x \in A \cap (B \cup C),$$
$$\text{esto implica que } x \in A \text{ y } x \in B \cup C,$$
$$\text{pero } x \in B \cup C \Rightarrow x \in B \text{ o } x \in C.$$

Tenemos entonces que x está en A, eso es seguro, y, además, que x está en B o x está en C, es decir que x está en A y en B, o x está en A y en C, luego $x \in (A \cap B)$ o $x \in (A \cap C)$, es decir $x \in (A \cap B) \cup (A \cap C)$ lo cual implica que $A \cap (B \cup C) \subseteq (A \cap B) \cup (A \cap C)$.

Para la segunda contención regresamos por los pasos que dimos para demostrar la primera. Sea $x \in (A \cap B) \cup (A \cap C)$, por lo tanto, $x \in (A \cap B)$ o $x \in (A \cap C)$, es decir x está en A y en B, o x está en A y en C lo cual significa que x necesariamente está en A y puede estar en B o en C, de donde $x \in A$ y $x \in (B \cup C)$, es decir $x \in A \cap (B \cup C)$ obteniendo que $(A \cap B) \cup (A \cap C) \subseteq A \cap (B \cup C)$.

Hemos demostrado la doble contención y con ello la propiedad (i).

ii) Se demuestra de manera análoga. ☺

EJERCICIO 1.5. Reduce la expresión

$$(A \cup B \cup C \cup D) \cap (A \cup B \cup C) \cap (A \cup B) \cap C.$$

EJERCICIO 1.6. Demuestra el inciso (ii) del Teorema 1.5 de la página 23.

PROBLEMA 1.12

Demuestra que para cualesquiera dos conjuntos A y B, se cumple que

$$(A \cup B) \cap (A \cup B^c) = A.$$

Leyes de absorción

Usaremos los resultados enunciados en los teoremas 1.3 y 1.4 de las páginas 21 y 22, respectivamente.

Teorema 1.6. Leyes de absorción. *Si A y B son dos conjuntos, tenemos que*

i) $(A \cap B) \cup B = B$.

ii) $(A \cup B) \cap B = B$.

Demostración. Por el último de los Ejercicios 1.3 de la página 21 tenemos que $A \cap B \subseteq B$, y por el Teorema 1.3 tenemos que $(A \cap B) \cup B = B$.

☺

Problema 1.13
Demuestra el inciso (ii) del Teorema 1.6.

1.4. Leyes de De Morgan

Dos importantes propiedades relacionan las operaciones de intersección y unión con el concepto de complemento.

Teorema 1.7. Leyes de De Morgan. *Si A y B son dos conjuntos,*

1. $(A \cap B)^c = A^c \cup B^c$,
2. $(A \cup B)^c = A^c \cap B^c$.

La primera se lee *el complemento de la intersección es la unión de los complementos* y la segunda, *el complemento de la unión es la intersección de los complementos*.

Demostración. Para cada ley es necesario mostrar la doble contención. Veamos la (1).

i) $(A \cap B)^c \subseteq A^c \cup B^c$,

y ii) $A^c \cup B^c \subseteq (A \cap B)^c$.

Ataquemos la contención (i),

sea $x \in (A \cap B)^c$,

luego $x \notin A \cap B$.

Si x no está en la intersección de A y B entonces x no pertenece a A o no pertenece a B (pues si estuviera en los dos estaría en la intersección), luego $x \notin A$ o $x \notin B$, es decir $x \in A^c$ o $x \in B^c$, de donde $x \in A^c \cup B^c$, mostrando así la contención (i).

Augustus De Morgan nació el 27 de junio de 1806 en Madurai, India, y murió el 18 de marzo de 1871 en Londres. Matemático y lógico, sostenía que es posible crear un sistema algebraico a partir de símbolos arbitrarios y leyes bajo las cuales se operaran estos símbolos, y que posteriormente se podían dar interpretaciones de esas leyes Katz, *A History of Mathematics*, p. 732.

Recíprocamente, para mostrar la veracidad de la contención (ii) suponemos que $x \in A^c \cup B^c$, luego $x \in A^c$ o $x \in B^c$, es decir x no está en A o x no está en B, luego no puede estar en la intersección de A y B, es decir $x \notin A \cap B$, de donde $x \in (A \cap B)^c$, con lo cual mostramos la contención (ii). Estas dos contenciones implican que se cumple la propiedad (1).

La propiedad (2) se demuestra de manera análoga. ☺

Ejercicios 1.7.

1. Sea el universo $\Omega = \{1, 2, 3, 4, 5, 6, 7\}$, y los conjuntos $A = \{3, 5, 7\}$, $B = \{1, 3, 6, 7\}$ y $C = \{2, 3, 4, 6\}$. Verifica que se cumplen las **leyes distributivas**.

2. Verifica que se cumplen las **leyes de De Morgan** para los conjuntos del problema anterior.

Problema 1.14

Demuestra la segunda ley de De Morgan: $(A \cup B)^c = A^c \cap B^c$. Propiedad (2) del Teorema 1.7 (página 25).

1.5. Diferencia y diferencia simétrica

Definición 1.11. Diferencia. La *diferencia* de A y B, que se denota con $A \setminus B$ y se lee "**A** *diferencia* **B**", es el conjunto de puntos de A que no están en B, es decir,

$$A \setminus B = \{x \in \Omega \mid x \in A \text{ y } x \notin B\}.$$

En la Figura 1.7, presentamos un diagrama en donde la parte sombreada ilustra la diferencia $A \setminus B$.

Al conjunto $A \setminus B$ también se le llama *el complemento de B respecto de A*, que se escribe $\complement_A B$.

1.5. Diferencia y diferencia simétrica

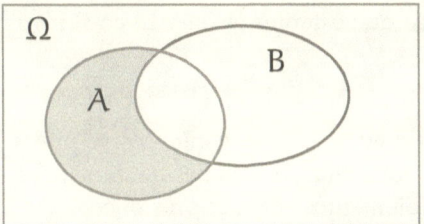

Figura 1.7 Los puntos de A **que no** están en B.

Propiedad. 1.11. *La diferencia* $A \setminus B$ *se puede expresar como* $A \cap B^c$, *es decir*

$$A \setminus B = A \cap B^c.$$

Demostración. De la definición de diferencia vemos que

$$x \in A \setminus B \Leftrightarrow x \in A \text{ y } x \notin B$$
$$\Leftrightarrow x \in A \text{ y } x \in B^c$$
$$\Leftrightarrow x \in A \cap B^c. \qquad \copyright$$

Contrario a lo que sucede con las operaciones de intersección y unión de conjuntos, la *diferencia* de dos conjuntos no es una operación conmutativa, es decir, **no** se cumple que $A \setminus B = B \setminus A$.

Ejemplo 1.26. Si en un salón de clase llamamos A al conjunto de las alumnas y B al conjunto de quienes usan pantalón, no es lo mismo $A \setminus B$, el conjunto de alumnas que no usan pantalón, que $B \setminus A$, el conjunto de quienes usan pantalón que no son alumnas. El primero es el conjunto de las alumnas que usan falda y el segundo es el de los alumnos. El universo Ω es el conjunto de personas inscritas en la clase. $\copyright$

Ejercicio 1.8. En una playa, Sea L el conjunto de las personas que usan lentes obscuros y M el conjunto de las personas que traen reloj. Describe $A \setminus B$ y $B \setminus A$.

Problema 1.15

Si A y $B \subseteq \Omega$, demuestra que los conjuntos $A \setminus B$ y $B \setminus A$ son *ajenos*.

Problema 1.16

Si A, B y C son conjuntos que no son *ajenos dos a dos*, ilustra con diagramas el conjunto $(A \setminus B) \setminus C$. ¿De qué otra manera se puede expresar ese conjunto?

Definición 1.12. Diferencia simétrica. La *diferencia simétrica* de A y B, que se denota con $A \triangle B$ y se lee "**A** *diferencia simétrica* **B**", es el

1. El lenguaje de los conjuntos

conjunto de puntos que están en A *o* están en B *pero* no están en ambos, se define como

$$A \triangle B = (A \setminus B) \cup (B \setminus A).$$

La diferencia simétrica de dos conjuntos se puede expresar de varias maneras como combinación de uniones e intersecciones de conjuntos, así como de sus complementos. Esas expresiones serán útiles cuando estudiemos lógica en el Capítulo 2. Las presentamos después de la figura, una como Propiedad y la otra como Problema.

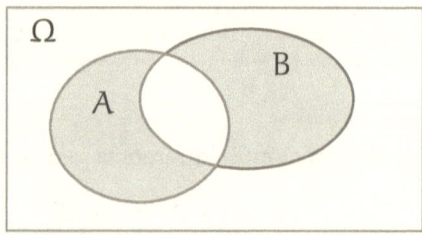

Figura 1.8 Los puntos que están en A o en B **pero no** en ambos.

Propiedad. 1.12. *La diferencia simétrica* $A \triangle B$ *se puede expresar como*

$$A \triangle B = (A \cup B) \cap (A \cap B)^c.$$

Demostración. Por la definición de diferencia simétrica tenemos

$$A \triangle B = (A \setminus B) \cup (B \setminus A),$$

pero por la Propiedad 1.11, $A \setminus B = A \cap B^c$, substituimos,

$$A \triangle B = (A \cap B^c) \cup (B \cap A^c),$$

distribuimos la unión con la intersección de la derecha y obtenemos

$$A \triangle B = ((A \cap B^c) \cup B) \cap ((A \cap B^c) \cup A^c)$$

distribuyendo ahora las dos uniones,

$$= ((A \cup B) \cap (B^c \cup B)) \cap ((A \cup A^c) \cap (B^c \cup A^c))$$

pero la unión de un conjunto y su complemento es el total,

$$= ((A \cup B) \cap \Omega) \cap (\Omega \cap (B^c \cup A^c))$$

y la intersección de un conjunto con el total es el conjunto,

$$= (A \cup B) \cap (B^c \cup A^c),$$

aplicamos la ley conmutativa a la unión de la derecha,

$$= (A \cup B) \cap (A^c \cup B^c)$$

y, finalmente, por las leyes de DE MORGAN,

$$= (A \cup B) \cap (A \cap B)^c. \qquad \qquad ☺$$

EJERCICIO 1.9. Demuestra que la diferencia simétrica es una operación conmutativa.

EJERCICIO 1.10. ¿Qué puedes decir de dos conjuntos E y F tales $E \triangle F = E \cup F$?

PROBLEMA 1.17
Demuestra que la diferencia simétrica $A \triangle B$ se puede expresar como

$$A \triangle B = (A \cup B) \setminus (A \cap B).$$

1.6. Álgebra de conjuntos

PROPIEDAD. 1.13. *Para conjuntos arbitrarios A, B y C, se cumple que:*

1. $A \setminus (A \setminus B) = A \cap B$.
2. $A \cap (B \setminus C) = (A \cap B) \setminus (A \cap C)$.
3. $(A \setminus B) \cup (A \setminus C) = A \setminus (B \cap C)$.

DEMOSTRACIÓN.

1. En la Propiedad 1.11 de la página 27 sobre la diferencia, demostramos que $A \setminus B = A \cap B^c$, entonces

$$A \setminus (A \setminus B) = A \cap (A \setminus B)^c,$$

aplicando la misma propiedad dentro del paréntesis del lado derecho de la igualdad

$$A \setminus (A \setminus B) = A \cap (A \cap B^c)^c,$$

ahora aplicamos las leyes de DE MORGAN

$$A \setminus (A \setminus B) = A \cap (A^c \cup (B^c)^c)$$

pero $(B^c)^c = B$, según demostramos en la Propiedad 1.5 de la página 15, entonces

$$A \setminus (A \setminus B) = A \cap (A^c \cup B);$$

ahora aplicamos la primera ley distributiva demostrada en el Teorema 1.5 de la página 23 y obtenemos

$$A \setminus (A \setminus B) = (A \cap A^c) \cup (A \cap B),$$

pero $A \cap A^c = \emptyset$, así

$$A \setminus (A \setminus B) = \emptyset \cup (A \cap B);$$

finalmente, según demostramos en el Problema 1.11, como la unión del vacío con cualquier conjunto es ese conjunto, tenemos

$$A \setminus (A \setminus B) = A \cap B.$$

2. Comenzamos con la expresión del lado derecho de la igualdad a demostrar, $(A \cap B) \setminus (A \cap C)$, aplicamos la definición de diferencia y obtenemos

$$(A \cap B) \setminus (A \cap C) = (A \cap B) \cap (A \cap C)^c,$$

aplicamos las leyes de DE MORGAN al segundo paréntesis del lado derecho

$$(A \cap B) \setminus (A \cap C) = (A \cap B) \cap (A^c \cup C^c),$$

por la distribución de la unión

$$(A \cap B) \setminus (A \cap C) = ((A \cap B) \cap A^c) \cup ((A \cap B) \cap C^c).$$

Por la asociatividad de la intersección

$$(A \cap B) \setminus (A \cap C) = (A \cap B \cap A^c) \cup (A \cap B \cap C^c),$$

como $A \cap A^c = \emptyset$ tenemos

$$(A \cap B) \setminus (A \cap C) = \emptyset \cup (A \cap B \cap C^c),$$

pero la unión del vacío con cualquier conjunto es el conjunto

$$(A \cap B) \setminus (A \cap C) = (A \cap B \cap C^c),$$

por la asociatividad de la intersección

$$(A \cap B) \setminus (A \cap C) = A \cap (B \cap C^c),$$

y, finalmente, por la definición de diferencia

$$(A \cap B) \setminus (A \cap C) = A \cap (B \setminus C).$$

1.6. Álgebra de conjuntos

3. Comenzamos con el lado izquierdo de la igualdad, $(A \setminus B) \cup (A \setminus C)$, aplicamos la definición de diferencia y obtenemos

$$(A \setminus B) \cup (A \setminus C) = (A \cap B^c) \cup (A \cap C^c);$$

como la unión distribuye a la intersección, podemos "factorizar" A en el lado derecho y obtener

$$(A \setminus B) \cup (A \setminus C) = A \cap (B^c \cup C^c).$$

Aplicamos las leyes de DE MORGAN,

$$(A \setminus B) \cup (A \setminus C) = A \cap (B \cap C)^c,$$

y, finalmente, por la definición de diferencia,

$$(A \setminus B) \cup (A \setminus C) = A \setminus (B \cap C). \qquad \odot$$

PROBLEMA 1.18
1. Verifica que $(A \setminus C) \cup (B \setminus C) = (A \cup B) \setminus C$.
2. Verifica que $(A \setminus B) \cup (B \setminus A) = (A \cup B) \setminus (A \cap B)$.

PROBLEMA 1.19
1. Demuestra que $A \cup (B \setminus A) = A \cup B$.
2. Demuestra que $A \cap (B \setminus A) = \emptyset$.

EJERCICIOS 1.11. Reduce las siguientes expresiones:
1. $((B \cup B) \cap (A \cap B)) \cap (A \cap (B \cap A))$.
2. $[(A \cap (B \cup C)) \cap (A \setminus B)] \cap (B \cup C^c)$.
3. $(A \cap B) \cap (A \setminus B)$.
4. $((A^c \cup B) \cap A) \cup (B^c \cap (A \cup B))$.

Resumen de Propiedades

$(A^c)^c = A$. El complemento del complemento de un conjunto, es el conjunto.

$\emptyset^c = \Omega$ y $\Omega^c = \emptyset$. El complemento del vacío es el total y *viceversa*.

$\emptyset \subseteq A \subseteq \Omega$. El conjunto vacío es subconjunto de cualquier conjunto y cualquier conjunto es subconjunto del universo Ω.

$A \subseteq A$. La contención es **reflexiva**.

$A \subseteq B, B \subseteq A \Rightarrow A = B$. La contención es **anti-simétrica**.

$A \subseteq B, B \subseteq C \Rightarrow A \subseteq C$. La contención es **transitiva**.

$A \subseteq B \Rightarrow B^c \subseteq A^c$. Si A está contenido en B, entonces B complemento está contenido en A complemento.

$A \cap A = A$ y $A \cup A = A$. La intersección y la unión son operaciones **idempotentes**.

$A \cap B = B \cap A$ y $A \cup B = B \cup A$. La intersección y la unión de conjuntos son operaciones **conmutativas**.

$(A \cap B) \cap C = A \cap (B \cap C)$ y $(A \cup B) \cup C = A \cup (B \cup C)$. Tanto la intersección como la unión son operaciones **asociativas**.

$A \cap (B \cup C) = (A \cup B) \cup (A \cap C)$. Se cumplen dos propiedades **distributivas**, en ésta *la unión distribuye a la intersección*.

$A \cup (B \cap C) = (A \cup B) \cap (A \cup C)$. Se cumplen dos propiedades **distributivas**, en ésta *la intersección distribuye a la unión*.

Leyes de De Morgan

$(A \cap B)^c = A^c \cup B^c$. El complemento de la intersección es la unión de los complementos.

$(A \cup B)^c = A^c \cap B^c$. El complemento de la unión es la intersección de los complementos.

Diferencia

$A \setminus B = A \cap B^c$. La diferencia A menos B es igual a la intersección de A y B^c.

$A \triangle B = (A \cup B) \setminus (A \cap B)$. La diferencia simétrica de A y B es la unión menos la intersección.

Capítulo 2

Elementos de lógica

2.1. Verdadero o falso

Sucede, cuando avanzamos en el empleo del lenguaje, que no siempre logramos comunicar de manera precisa lo que pensamos y nos involucramos en discusiones donde cada quien entiende lo que quiere entender y cada uno de nuestros interlocutores perciben cosas distintas. El lenguaje de la lógica ayuda para expresarnos con claridad de manera que personas distintas perciban la misma idea.

ARISTÓTELES, Ἀριστοτέλης, nació en Estagira, Macedonia, en el año 384 a. c., murió en Calcis en el 322 a. c. Desarrolló un sofisticado sistema de silogismos que hasta hoy día es una herramienta efectiva para el razonamiento. Se dice que fue probablemente la última persona que supo todo lo que se sabía en su época[a].

[a] COPI, COHEN y MCMAHON, *Introduction to Logic*, p. 4.

ARISTÓTELES escribió en la antigua Grecia, en el siglo IV a. c., sus instrumentos de análisis y exposición, agrupados bajo el título de ORGANÓN —palabra griega para *instrumento*— donde expuso, en particular en *Analíticos Primeros* (considerada la obra cumbre de la lógica aristotélica), ARISTÓTELES, *Tratados de Lógica*, p. 93, la manera de razonar por medio de silogismos, quizás el más famoso es:

> Todos los hombres son mortales,
>
> Sócrates es hombre,
>
> luego Sócrates es mortal.

2. Elementos de lógica

Más de dos mil años después, en 1847, el inglés GEORGE BOOLE basó la lógica matemática en el *cálculo proposicional*, esto es, la manipulación de *proposiciones* las cuales son **afirmaciones** que —a semejanza de los conjuntos bien definidos— tienen dos posibles *valores de verdad*, V o F.

DEFINICIÓN 2.1. VALOR DE VERDAD. Dada una proposición **es verdadera, V, o es falsa, F**. Si una proposición p es verdadera, su **negación**, que se escribe ¬p y se lee "**no** p", es falsa. Los posibles *valores de verdad* de una proposición p son V o F.

Dada una proposición p sucede que p es verdadera o que ¬p es verdadera. Resumimos lo anterior en la siguiente **tabla de verdad** donde se ilustran los **valores de verdad** de ¬p dados los valores de p.

p	¬p
V	F
F	V

En la columna **p** vemos los posibles valores de verdad de p, que son verdadero V, o falso F. En la columna ¬**p** vemos los *correspondientes* valores de ¬p. Cuando p tiene valor V, ¬p tiene valor F. Cuando p tiene valor F, ¬p tiene valor V.

GEORGE BOOLE nació en Lincolnshire, Inglaterra, el 2 de noviembre de 1815, murió en Ballintemple, County Cork, Irlanda, el 8 de diciembre de 1864. En sus dos monografías sobre lógica da forma al *álgebra booleana*, fundamental para la electrónica digital, los lenguajes de programación y cimiento de la era informática.

EJEMPLO 2.1. La proposición

p: Todos los hombres son mortales,

es verdadera. Luego su negación

¬p: No todos los hombres son mortales,

es falsa. ☺

EJEMPLO 2.2. La proposición

q: 10 es múltiplo de 3,

es falsa, luego su negación

¬q: 10 **no** es múltiplo de 3,

es verdadera. ☺

EJERCICIO 2.1. Di cuáles de las siguientes expresiones son proposiciones, da su valor de verdad y enuncia su negación.

p: Ayer llovió,

q: Las aventuras de Sherlock Holmes,

r: 7 es mayor que 15,

s: Los países de América,

t: Los caballos jadean,

u: $3 \times 2 = 6$,

v: *Perenifolia* significa *siempre con follaje*,

w: Ni tú ni yo.

2.2. Todo o nada

En el lenguaje cotidiano, lo contrario de *todo* es *nada*. La frase ¡*todo o nada*! expresa esa disyuntiva. Pero la **negación** de *todo* es *no todo*. Es decir, si no sucede que *todo*, lo que sucede es que *no todo*. Y *no todo* no es lo mismo que *nada*.

Así, hay quien piensa que *la contradicción*, en tanto que alternativa, de "todas las pelotas son azules" es que "ninguna pelota es azul", por lo que debemos aclarar el uso de la expresión **"contradicción"**, asimismo debemos cultivar la capacidad de percibir las consecuencias *lógicas* de una afirmación.

La *contradicción* de una afirmación es su negación, así, la contradicción de "todas las pelotas son azules" es "no todas las pelotas son azules", ahora bien, dado un cierto conjunto P de pelotas, si la proposición

p: todas las pelotas de P son azules

es verdadera, ello significa que tenemos la certeza de que dado **cualquier** elemento de P, que es una pelota, es azul. Pero si la proposición p anterior no es verdadera, es decir es falsa, la proposición que será verdadera es ¬p, es decir, lo cierto será que "no todas las pelotas de P son azules". ¿Esto significa que **ninguna** pelota de P es azul? La respuesta es *no*. Sucederá que en P habrá pelotas de otros colores, no importa de cuál otro color, pero **no todas** las pelotas de P son azules. Si la proposición

¬p: no todas las pelotas de P son azules

es verdadera, significa que *al menos una* **pelota en P no es azul**, es decir, que *existe alguna* **pelota en P que no es azul**.

Cuando es falsa una afirmación sobre *todos* los elementos de un conjunto, sucede que *al menos un* elemento del conjunto *no cumple* con la afirmación.

Presentamos una tabla con algunas afirmaciones y su negación.

Afirmación	Negación
Todos los x son p	Algún x no es p
Ningún x es p	Algún x es p
Algún x es p	Ningún x es p
Algún x no es p	Todos los x son p

Ejercicio 2.2. Enuncia la negación de las siguientes afirmaciones y di cuál es verdadera.

1. Todos los gatos son pardos,
2. Nadie es profeta en su tierra,
3. Algunas aves emigran,
4. Algunas serpientes no son venenosas,
5. Ninguna máquina funciona,
6. Hay ejercicios anaeróbicos,
7. Todas las flores tienen pistilo,
8. Algún planeta no tiene agua.

Definición 2.2. Conjetura. Cuando se afirma que una proposición es verdadera se establece una **conjetura**, es decir, una *presunción* de que la afirmación es verdadera.
Las conjeturas, es decir las presunciones, han de confirmarse.

Si afirmamos que **todos** los elementos de un conjunto C cumplen con determinada propiedad p, debemos **mostrar** que dado **cualquier** elemento $x \in C$ se tiene que x **cumple** la propiedad p.

Si, por lo *contrario*, afirmamos que **no es cierto** que todos los elementos de C cumplen la propiedad p, lo cierto es que **existe al menos un elemento** $x \in C$ tal que x **no cumple** con la propiedad p.

Si logramos **verificar que se cumple** la afirmación realizada, habremos demostrado que la conjetura resultó cierta.

Si logramos **exhibir un caso en el que no se cumple** la afirmación realizada, es decir, si logramos exhibir un **contraejemplo**, habremos demostrado que la conjetura resultó falsa .

EJEMPLO 2.3. ¿Es cierto que todos los nombres de los días de la semana, en español, comienzan con la letra "M"? La respuesta es **no**, ya que puedo *exhibir al menos un* nombre de día de la semana, a saber "Lunes", que *no* empieza con la letra "M". Hemos exhibido un *contraejemplo*. ☺

EJEMPLO 2.4.
CONJETURA: Ninguna naranja está podrida.
COMPROBACIÓN: Comemos las naranjas, ¿todas estuvieron bien? Si la respuesta es afirmativa la conjetura fue cierta. Si *alguna* naranja salió podrida, la conjetura resultó falsa. ☺

ACTIVIDAD 2.1. Construyan proposiciones acerca de un grupo de personas. Establezcan conjeturas, traten de demostrar que son ciertas o de exhibir contraejemplos si piensan que son falsas.

EJERCICIO 2.3. Dadas las conjeturas siguientes, explica cómo demostrar que es cierta, o cómo se probaría que es falsa.

1. Todos asistirán a la Cumbre,
2. Ningún huracán tocará tierra,
3. Algún río se desbordará,
4. Algunos países no firmarán el acuerdo,

PROBLEMA 2.1

Analiza la siguiente conjetura: Para cualquier número *natural* n, el número $8n - 1$ o el $8n + 1$ es un número *primo*.

2.3. Conjunción y disyunción

Dadas dos proposiciones p y q es posible construir otras nuevas proposiciones por medio de las operaciones de **conjunción** y **disyunción**. La conjunción de p y q es verdadera si el valor de verdad de **ambas**, p y q, es verdadero. Para que la disyunción de p y q sea verdadera **basta** que alguna de las dos sea verdadera.

Definición 2.3. Conjunción. Sean p y q dos proposiciones, la *conjunción* de p y q, que se escribe p ∧ q (se lee "p y q"), es otra proposición; es verdadera si p es verdadera y q es verdadera.
La tabla de verdad de p ∧ q es:

p	q	p ∧ q
V	V	V
V	F	F
F	V	F
F	F	F

En la primera y segunda columna aparecen las posibles combinaciones de los valores de verdad de p y de q, y en la tercera columna el valor correspondiente a la proposición p ∧ q según la definición de *conjunción*. Por ejemplo, en el tercer renglón vemos que p es Falsa y q es Verdadera, luego, según la definición de *conjunción*, p ∧ q es Falsa.

Ejemplo 2.5. Consideremos las siguientes afirmaciones:

   p: 7 es par,

   q: Santiago es la capital de Chile.

La conjunción de las proposiciones p y q, a saber,

   7 es par y Santiago es la capital de Chile,

es falsa pues p es falsa (el 7 no es un número par). No importa que q sea verdadera (sabemos que es verdad que Santiago es la capital de Chile). Para que la conjunción de dos proposiciones sea verdadera **es necesario** que las dos proposiciones sean verdaderas. ☺

Ejemplo 2.6. Averigüemos el valor de la conjunción de p ∧ q en el caso de las proposiciones:

   p: Soy millonario,

   q: Nadie me quiere.

¡Uf! Las proposiciones parecen demasiado subjetivas como para someterlas a análisis, pero veamos las cosas con calma.

Para que la conjunción de p y q, que se denota con p ∧ q, sea verdadera **es necesario** que tanto p como q lo sean. En este caso la conjunción de p y q se lee:

   Soy millonario y nadie me quiere.

2.3. Conjunción y disyunción

Como podrán imaginar, la veracidad de la conjunción **depende** de quién realice la afirmación. El ejemplo consiste en que cada lector se coloque como el emisor de las proposiciones p y q. Les pregunto, de manera individual: ¿Eres millonario? si me respondes que no lo eres, tendremos que p es falsa. Ahora es el turno de q: ¿Nadie te quiere? Si hay alguna persona que te quiera entonces q es falsa y, por lo tanto, la conjunción $p \wedge q$ es falsa. ☺

Para que la **conjunción** $p \wedge q$ de dos proposiciones sea verdadera es **necesario** que las dos lo sean.

Definición 2.4. Disyunción. Sean p y q dos proposiciones, la *disyunción* de p y q, que se escribe $p \vee q$ (se lee "p o q"), es otra proposición; es verdadera si p es verdadera *o* q es verdadera, *o* ambas lo son.
La tabla de verdad de $p \vee q$ es:

p	q	$p \vee q$
V	V	V
V	F	V
F	V	V
F	F	F

De manera análoga, en la primera y segunda columna aparecen las posibles combinaciones de los valores de verdad de p y de q, y en la tercera columna el valor correspondiente a la proposición $p \vee q$ según la definición de *disyunción*. Por ejemplo, en el tercer renglón vemos que p es Falsa y q es Verdadera, luego, según la definición de *disyunción*, $p \vee q$ es Verdadera. Es decir, $p \vee q$ es verdadera si p *y/o* q es verdadera.

Ejemplo 2.7. Consideremos las mismas afirmaciones del Ejemplo 2.5 de la página 38,

p: 7 es par,
q: Santiago es la capital de Chile.

La disyunción de las proposiciones p y q, a saber,

$p \vee q$: 7 es par **o** Santiago es la capital de Chile,

es verdadera pues aunque p es falsa (el 7 no es par) sucede que q si es verdadera pues sabemos que es verdad que Santiago es la capital de Chile. ☺

Ejemplo 2.8. Sean las proposiciones p y q las siguientes:

p: 6 es par,

q: 6 es múltiplo de 3.

La disyunción p ∨ q es verdadera —para que sea verdadera **basta** que una de las proposiciones lo sea— pues sucede que, en este caso, las dos proposiciones son verdaderas. ☺

Para que sea verdadera la **disyunción** p ∨ q de dos proposiciones **basta** que una de las dos, sea p o sea q, sea verdadera.

La disyunción lógica descrita choca con el uso cotidiano de la frase "p o q", empleada para expresar la elección entre dos alternativas, consideradas excluyentes: "¿subes **o** bajas?". Para expresar esa disyunción **excluyente** —en donde se pide que, una de dos, p sea verdadera o que q sea verdadera, pero que no **ambas** lo sean (el término **excluyente** se usa en el sentido de que la veracidad de una proposición **excluye** la veracidad de la otra)—, se pueden usar las operaciones de conjunción y disyunción definidas anteriormente, junto con la negación.

Definición 2.5. Disyunción excluyente. Sean p y q dos proposiciones, la *disyunción excluyente* de p y q, que se denota con p $\veebar$ q y se lee *"una de dos,* p *o* q*"*, es otra proposición; es verdadera cuando p es verdadera o q es verdadera, pero no ambas.

Si p $\veebar$ q es verdadera tenemos que p es verdadera o q es verdadera, *y* **es falso** que p es verdadera *y* q es verdadera.

Es decir,

p $\veebar$ q tiene el mismo valor de verdad que $(p \vee q) \wedge (\neg(p \wedge q))$.

Vamos a construir la tabla de verdad de la **disyunción excluyente**, es decir, la tabla de verdad de $(p \vee q) \wedge (\neg(p \wedge q))$, en base a las operaciones básicas de **negación**, **conjunción** y **disyunción**; procedamos por partes, primero veamos cuál es la tabla de verdad de $\neg(p \wedge q)$:

p	q	p∧q	¬(p∧q)
V	V	V	F
V	F	F	V
F	V	F	V
F	F	F	V

2.3. Conjunción y disyunción

En las dos primeras columnas colocamos las posibles combinaciones de los valores de verdad de p y q. En la tercera columna colocamos los valores correspondientes de p ∧ q. Por ejemplo, vemos en el tercer renglón que el valor de p es F y el valor de q es V, luego el valor de p ∧ q es F. Ahora bien, según el valor de verdad de p ∧ q que aparezca en la tercer columna, será el valor de ¬(p ∧ q) en la cuarta. En el caso del tercer renglón, tenemos que el valor de verdad de p ∧ q es F, luego el valor de su negación, o sea ¬(p ∧ q) en la cuarta columna, es V.

Ahora añadimos la conjunción con p ∨ q y obtenemos

p	q	p ∨ q	¬(p ∧ q)	(p ∨ q) ∧ (¬(p ∧ q))
V	V	V	F	F
V	F	V	V	V
F	V	V	V	V
F	F	F	V	F

Es decir, la tabla de verdad de la disyunción excluyente es:

p	q	p $\veebar$ q
V	V	F
V	F	V
F	V	V
F	F	F

Vemos que el valor de verdad de p $\veebar$ q es V, en el segundo y tercer renglón, sólo cuando p verdadera y q falsa *o* cuando p es falsa y q verdadera. El valor de verdad de p $\veebar$ q es F, en el primer y cuarto renglón, cuando ambas, p y q son verdaderas, o ambas son falsas.

EJEMPLO 2.9. Si p y q son las siguientes proposiciones,

p: 20 es múltiplo de 5,

q: 20 es par,

enuncia las proposiciones ¬p, p ∧ q, p ∨ q, p $\veebar$ q y di cuál es su valor de verdad.

SOLUCIÓN. Tenemos que p es verdadera pues, en efecto, el número 20 es múltiplo de 5 porque $20 = 5 \times 4$. Asimismo q es verdadera pues 20 =

2×10. Entonces

$\neg p$: 20 no es múltiplo de 5, es falsa.
$p \wedge q$: 20 es múltiplo de 5 y es par, es verdadera.
$p \vee q$: 20 es múltiplo de 5 o es par, es verdadera.
$p \veebar q$: 20 es, una de dos, múltiplo de 5 o es par, es falsa.

☺

Ejercicio 2.4. Para cada par de proposiciones p y q, enuncia las proposiciones $\neg p$, $p \wedge q$, $p \vee q$, $p \veebar q$ y da su valor de verdad.

a. p: El *helio* es un gas inerte,
q: Madrid es la capital de España.

b. p: El *hielo* es agua sólida,
q: Las ostras son mamíferos.

c. p: *Alhaja* proviene del árabe,
q: 9 es par.

d. p: Acabó la pobreza,
q: El aro es cuadrado.

De manera análoga a cómo construimos la tabla de verdad de la disyunción excluyente, podemos obtener la tabla de verdad de otras proposiciones obtenidas por medio de operaciones con conectivos lógicos.

Ejercicio 2.5. Construye la tabla de verdad de $\neg(\neg p)$, $\neg p \vee q$ y $(\neg p \vee q) \wedge (\neg q \vee p)$.

Problema 2.2

Para las proposiciones p y q,

p: 2016 es año bisiesto,
q: Nunca llueve en Lima,

enuncia las proposiciones $\neg p$, $\neg q$, $p \wedge \neg q$, $p \vee q$, $p \veebar q$ y di cuál es su valor de verdad.

2.4. Equivalencia

Definición 2.6. Equivalencia. Dos proposiciones p y q son *equivalentes* ($\equiv$) si sus tablas de verdad son iguales. Lo escribimos $p \equiv q$.

Ejemplo 2.10. La doble negación. Si p es una proposición, la doble negación de p es equivalente a p. Es decir

$$p \equiv \neg(\neg p).$$

Solución. Para verificar la equivalencia entre p y la doble negación, comparamos sus tablas de verdad.

p	¬p	¬(¬p)
V	F	V
F	V	F

Vemos que, en efecto, coinciden los valores de verdad en las columnas de p y ¬(¬p), sus tablas de verdad son iguales y por lo tanto las dos proposiciones son equivalentes. ☺

Noten el parecido del ejemplo anterior con la Propiedad 1.5 de la página 15 sobre el complemento del complemento de un conjunto, que es igual al conjunto. Según avancemos veremos similitudes entre operaciones de conjuntos y conectivos lógicos. En este caso vemos la analogía entre el complemento de un conjunto y la negación de una proposición.

Ejemplo 2.11. En la Definición 2.5 de la página 40 definimos la *disyunción excluyente*, que denotamos con $p \veebar q$ como la proposición que tiene el mismo valor de verdad que $(p \vee q) \wedge (\neg(p \wedge q))$, es decir dijimos que *por definición* $p \veebar q \equiv (p \vee q) \wedge (\neg(p \wedge q))$.

También podemos usar el símbolo $\stackrel{\text{def}}{=\!=}$, y de hecho así lo haremos de ahora en adelante. Así, en la Definición 2.5 de la *disyunción excluyente* decimos que se denota con $p \veebar q$ y se *define* como

$$p \veebar q \stackrel{\text{def}}{=\!=} (p \vee q) \wedge (\neg(p \wedge q)).$$ ☺

Propiedades de la conjunción

Propiedad. 2.1. *La conjunción en proposiciones es:*

i) *Idempotente, es decir* $p \wedge p \equiv p$,

ii) *Conmutativa, es decir* $p \wedge q \equiv q \wedge p$,

iii) *Asociativa, es decir* $(p \wedge q) \wedge r \equiv p \wedge (q \wedge r)$.

Demostración. Según la Definición 2.6, dos proposiciones son equivalentes si sus tablas de verdad son iguales. Así, procedemos a comparar las tablas de verdad de ambos lados del símbolo de equivalencia. Al verificar que son iguales demostramos la propiedad respectiva.

i) Para demostrar la idempotencia de la conjunción debemos comparar las tablas de verdad de p ∧ p con la de p. Hagámoslo aunque sea trivial:

p	p ∧ p
V	V
F	F

ii) Para demostrar la conmutatividad de la conjunción tenemos que

p	q	p ∧ q	q ∧ p
V	V	V	V
V	F	F	F
F	V	F	F
F	F	F	F

iii) Para la asociatividad de la conjunción construimos primero la tabla de verdad de (p ∧ q) ∧ r,

p	q	r	p ∧ q	(p ∧ q) ∧ r
V	V	V	V	V
V	V	F	V	F
V	F	V	F	F
V	F	F	F	F
F	V	V	F	F
F	V	F	F	F
F	F	V	F	F
F	F	F	F	F

después la tabla de verdad de p ∧ (q ∧ r),

p	q	r	q ∧ r	p ∧ (q ∧ r)
V	V	V	V	V
V	V	F	F	F
V	F	V	F	F
V	F	F	F	F
F	V	V	V	F
F	V	F	F	F
F	F	V	F	F
F	F	F	F	F

y vemos que la última columna es igual en ambas tablas. ☺

Propiedades de la disyunción

Propiedad. 2.2. *La disyunción en proposiciones es:*

i) *Idempotente, es decir* $p \vee p \equiv p$,

ii) *Conmutativa, es decir* $p \vee q \equiv q \vee p$,

iii) *Asociativa, es decir* $(p \vee q) \vee r \equiv p \vee (q \vee r)$.

Demostración. La propiedad (i) y la (ii) quedan como ejercicio, la (iii) como problema. ☺

Ejercicio 2.6. Demuestra los incisos (i) y (ii) de la Propiedad 2.2.

Problema 2.3

Demuestra el inciso (iii) de la Propiedad 2.2.

Leyes distributivas

Los conectivos de conjunción y disyunción se relacionan por medio de las leyes distributivas que enunciamos a continuación.

Teorema 2.1. *Si p, q y r son proposiciones, se cumple que*

i) $p \wedge (q \vee r) \equiv (p \wedge q) \vee (p \wedge r)$, *la disyunción distribuye a la conjunción.*

ii) $p \vee (q \wedge r) \equiv (p \vee q) \wedge (p \vee r)$, *la conjunción distribuye a la disyunción.*

Demostración. Construimos la tabla de verdad de cada expresión a los lados del signo de equivalencia, para el inciso (i) construimos primero la tabla del lado izquierdo $p \wedge (q \vee r)$,

p	q	r	$q \vee r$	$p \wedge (q \vee r)$
V	V	V	V	V
V	V	F	V	V
V	F	V	V	V
V	F	F	F	F
F	V	V	V	F
F	V	F	V	F
F	F	V	V	F
F	F	F	F	F

y la tabla del lado derecho $(p \wedge q) \vee (p \wedge r)$,

p	q	r	$p \wedge q$	$p \wedge r$	$(p \wedge q) \vee (p \wedge r)$
V	V	V	V	V	V
V	V	F	V	F	V
V	F	V	F	V	V
V	F	F	F	F	F
F	V	V	F	F	F
F	V	F	F	F	F
F	F	V	F	F	F
F	F	F	F	F	F

Los valores de la última columna de cada tabla son iguales. ☺

Problema 2.4

Demuestra el inciso (ii) del Teorema 2.1.

Leyes de absorción

Teorema 2.2. Leyes de absorción. *Si p y q son dos proposiciones, tenemos que*

i) $(p \wedge q) \vee q \equiv q$.

ii) $(p \vee q) \wedge q \equiv q$.

Demostración. La tabla de verdad de $(p \wedge q) \vee q$ es

p	q	$p \wedge q$	$(p \wedge q) \vee q$
V	V	V	V
V	F	F	F
F	V	F	V
F	F	F	F

Los valores de verdad de la cuarta columna, los de $(p \wedge q) \vee q$, son iguales a los de la segunda columna, que corresponden a q, por lo cual las proposiciones son equivalentes. ☺

Problema 2.5

Demuestra el inciso (ii) del Teorema 2.2.

2.5. Leyes de De Morgan

Dos importantes propiedades relacionan los conectivos de conjunción y disyunción con la negación. Noten la similitud con el caso de los conjuntos, aquí la conjunción, la disyunción y la negación juegan un papel similar a la intersección, la unión y el complemento en el caso de las Leyes de De Morgan para conjuntos.

Teorema 2.3. Leyes de De Morgan. *Si* p *y* q *son dos proposiciones,*

1. $\neg(p \wedge q) \equiv \neg p \vee \neg q$,
2. $\neg(p \vee q) \equiv \neg p \wedge \neg q$.

La primera se lee *la negación de una disyunción es equivalente a la conjunción de las negaciones* y la segunda, *la negación de una disyunción es equivalente a la conjunción de las negaciones*.

Demostración. Construimos la tabla de verdad para ambos lados de la equivalencia del inciso 1, $\neg(p \wedge q) \equiv \neg p \vee \neg q$, primero el lado izquierdo,

p	q	p∧q	¬(p∧q)
V	V	V	F
V	F	F	V
F	V	F	V
F	F	F	V

después el lado derecho,

p	q	¬p	¬q	¬p ∨ ¬q
V	V	F	F	F
V	F	F	V	V
F	V	V	F	V
F	F	V	V	V

Los valores de verdad de la última columna de cada tabla son iguales y por lo tanto queda demostrada la primera Ley de De Morgan, la segunda queda como problema. ☺

Hemos demostrado un conjunto de propiedades básicas por medio de tablas de verdad. Podemos usarlas ahora para *operar* como si fueran operaciones algebraicas.

Ejemplo 2.12. Demuestra que $p \wedge q \equiv \neg(\neg p \vee \neg q)$.

Solución. Comencemos del lado derecho, por la segunda Ley de De Morgan tenemos que

$$\neg(\neg p \vee \neg q) \equiv \neg(\neg p) \wedge \neg(\neg q),$$

y por el Ejemplo 2.10 de la doble negación,

$$\equiv p \wedge q.$$

Problema 2.6

Demuestra la segunda Ley de De Morgan para proposiciones, enunciada en el segundo inciso del Teorema 2.3: *la negación de una disyunción es equivalente a la conjunción de las negaciones*.

Problema 2.7

Utiliza las propiedades de las equivalencias para demostrar que:

$$p \vee q \equiv \neg(\neg p \wedge \neg q).$$

2.6. Implicación y bicondicional

A las operaciones de *disyunción* y *conjunción* de la sección anterior se les llama **conectivos lógicos**. Los podemos combinar, junto con la negación, y obtener los importantes conectivos de **implicación** y **bicondicional**.

Definición 2.7. Implicación. Sean p y q dos proposiciones, la *implicación "si p entonces q"*, que se escribe $p \rightarrow q$ y también se lee p *implica* q, es una proposición; tiene el mismo valor de verdad que $\neg p \vee q$. Es decir,

$$p \rightarrow q \stackrel{\text{def}}{=\joinrel=} \neg p \vee q.$$

Que la proposición $p \rightarrow q$ tenga el mismo valor de verdad que $\neg p \vee q$ significa que la tabla de verdad de ambas proposiciones es idéntica.

Como la tabla de verdad de $\neg p \vee q$ es:

p	q	$\neg p$	$\neg p \vee q$
V	V	F	V
V	F	F	F
F	V	V	V
F	F	V	V

2.6. Implicación y bicondicional

la tabla de verdad de la implicación es

p	q	p → q
V	V	V
V	F	F
F	V	V
F	F	V

Es muy importante notar que para que la *implicación* sea verdadera **no es necesario** que haya una relación de causa-efecto entre las proposiciones.

Ejemplo 2.13. Sean p y q las proposiciones

p: Ecuador tiene frontera con Perú,

q: El 8 es par.

La implicación p → q, que se enuncia "**si** Ecuador tiene frontera con Perú, **entonces** el 8 es par", es verdadera pues según la tabla anterior, como p es verdadera y q es verdadera sucede que la implicación es verdadera.

☺

A la proposición p en la implicación p → q se le llama la *hipótesis* de la implicación, y a la proposición q se le llama la *conclusión*. Según se nota en la tabla de verdad de p → q, la implicación *sólo* es falsa cuando la hipótesis p es verdadera y la conclusión q es falsa.

Esto significa que no admitiremos como implicación verdadera que, de una hipótesis verdadera se siga una conclusión falsa. Sin embargo,

es una implicación verdadera que una hipótesis falsa implique una conclusión falsa,

y también

es una implicación verdadera que una hipótesis falsa implique una conclusión verdadera.

Ilustremos con un ejemplo el significado de las afirmaciones anteriores y veamos que no van *tan* en contra de nuestro sentido común.

EJEMPLO 2.14. Consideremos la proposición "si llueve entonces voy al cine". Claramente es la implicación p → q de

p: Llueve,

q: Voy al cine.

La implicación puede ser verdadera o falsa. Veamos por casos:

Caso 1. Resulta que si llovió y, en efecto, fui al cine. Hice lo que dije, sin duda la implicación es verdadera.

Caso 2. Si llovió y decidí no ir al cine. No cumplí con lo pactado, la implicación es falsa.

Caso 3. No llovió y, aún así, decidí ir al cine. ¿Dejé de cumplir lo pactado? No, no deje de cumplir (de hecho no llovió), luego la implicación es verdadera.

Caso 4. No llovió y no fui al cine. ¿Alguien puede acusarme de no cumplir mi promesa? No, luego la implicación es verdadera.

Hemos verificado, en este ejemplo, que la implicación es falsa sólo cuando la hipótesis es verdadera y la conclusión es falsa. ☺

En la implicación p → q, a la proposición p se le llama *una condición suficiente* para q. También se dice que q es *una condición necesaria* para p.

Podemos interpretar lo anterior de la siguiente manera, si la implicación p → q es verdadera,

Suficiencia: Para que q sea verdadera **basta** que p sea verdadera.

Necesidad: Si p es verdadera, **necesariamente** q es verdadera.

EJEMPLO 2.15. Del ejemplo anterior, en los casos en que la implicación es *verdadera*, la *suficiencia* significa que para que sea cierto que fui al cine *basta* que haya llovido, y la misma implicación verdadera expresada en términos de *necesidad* es que si es cierto que llovió *necesariamente* fui al cine. Insisto, cuando la implicación es *verdadera*. ☺

DEFINICIÓN 2.8. PROPOSICIONES RELACIONADAS CON UNA IMPLICACIÓN. Hay tres, la *recíproca*, la *inversa* y la *contrapositiva*, que se definen de la manera siguiente:

2.6. Implicación y bicondicional

Implicación	$p \to q$	p implica q
Recíproca	$q \to p$	q implica p
Inversa	$\neg p \to \neg q$	no p implica no q
Contrapositiva	$\neg q \to \neg p$	no q implica no p

Ejemplo 2.16. Según vimos en el ejemplo de la página anterior, la proposición "si llueve entonces voy al cine" es la implicación $p \to q$ de

p: Llueve,

q: Voy al cine.

Las proposiciones relacionadas son:

Implicación: Si llueve entonces voy al cine.

Recíproca: Si voy al cine entonces llueve.

Inversa: Si no llueve entonces no voy al cine.

Contrapositiva: Si no voy al cine entonces no llueve.

Supongamos que, en efecto, la implicación es una proposición verdadera. ¿Qué sucede con la **recíproca**, es cierto que si voy al cine entonces llueve? La respuesta es **No**, bien pude ir al cine aunque no lloviera.

Veamos la **inversa**, ¿es cierto que si no llueve no voy al cine?, de nuevo la respuesta es **No**, que no llueva no me impide ir al cine, la implicación que supusimos verdadera es que si llueve voy al cine, pero no dice nada acerca de lo que haré si no llueve.

Finalmente la **contrapositiva**, ¿es cierto que si no voy al cine no llueve? La respuesta es **Sí**, tengo la certeza de que si no voy al cine no está lloviendo, pues si estuviera lloviendo, por hipótesis, iría al cine.

Lo anterior nos indica que si una implicación es verdadera, su recíproca y su inversa no necesariamente lo son, pero sí es verdadera su contrapositiva, de hecho vamos a demostrar que son equivalentes. ☺

Teorema 2.4. *Si p y q son proposiciones, la implicación $p \to q$ es equivalente a su contrapositiva, es decir*

$$p \to q \equiv \neg q \to \neg p.$$

Demostración. Por definición sabemos que $p \to q \stackrel{\text{def}}{=\!=} \neg p \vee q$, aplicando la definición a la contrapositiva obtenemos

$$\neg q \to \neg p \equiv \neg(\neg q) \vee (\neg p),$$

al aplicar la doble negación

$$\equiv q \vee (\neg p),$$

ahora, por la conmutatividad de la disyunción (Propiedad 2.2)

$$\equiv \neg p \vee q$$

y, por la definición de implicación, obtenemos

$$\equiv p \to q.$$ ☺

Problema 2.8

Analiza la implicación $p \to q$, su recíproca, inversa y contrapositiva, si

p: Estás en Bolivia,

q: Estás en América (el continente americano).

Definición 2.9. Bicondicional. Sean p y q dos proposiciones, la *bicondicional "p si, y sólo si, q"*, que se escribe $p \leftrightarrow q$ y también se lee p *es condición necesaria y suficiente para* q, es una proposición; tiene el mismo valor de verdad que $(p \to q) \wedge (q \to p)$. Es decir,

$$p \leftrightarrow q \stackrel{\text{def}}{\equiv\equiv\equiv} (p \to q) \wedge (q \to p).$$

De la tabla de verdad de $p \to q$ y de $q \to p$

p	q	p → q	q → p
V	V	V	V
V	F	F	V
F	V	V	F
F	F	V	V

obtenemos la tabla de verdad de $p \leftrightarrow q$

p	q	p ↔ q
V	V	V
V	F	F
F	V	F
F	F	V

Vemos que la *bicondicional* $p \leftrightarrow q$ es verdadera sólo en los casos en que tanto p como q tienen, ambas, el mismo valor de verdad.

La expresión *"si, y sólo si,"* se interpreta, en caso de que la bicondicional sea verdadera, como que p ocurre *si* q ocurre, pero, además, que q ocurre sólo si p ocurre. En términos de *suficiencia*, para que se cumpla q *basta* que p sea verdadera y, de manera **recíproca**, para que p se cumpla *basta* que q sea verdadera. En términos de *necesidad*, para que q se cumpla debe cumplirse p y, de manera **recíproca**, para que se cumpla p debe cumplirse q. Las consideraciones anteriores acerca de la bicondicional p ↔ q explican por qué, en caso de que la bicondicional sea verdadera, p es condición necesaria y suficiente para q.

Ejemplo 2.17. Analicemos esta versión ampliada del Ejemplo 2.14 de la página 50, "si llueve es condición necesaria y suficiente para que vaya al cine". Dicho de otra manera, "llueve si, y sólo si, voy al cine". Se trata de la bicondicional de las proposiciones

$$p: \text{Llueve,}$$
$$q: \text{Voy al cine.}$$

Caso 1. Resulta que si llovió y, en efecto, fuí al cine. Hice lo que dije, sin duda la bicondicional es verdadera.

Caso 2. Si llovió y decidí no ir al cine. No cumplí con lo pactado, la bicondicional es falsa.

Caso 3. No llovió y, aún así, decidí ir al cine. No cumplí lo pactado. Dije que iría *sólo* si lloviera, luego la bicondicional es falsa.

Caso 4. No llovió y no fui al cine. No falté a lo pactado (no hubo condiciones), luego la bicondicional es verdadera. ☺

Hemos verificado, en este ejemplo, que la bicondicional es verdadera sólo cuando las dos proposiciones tienen el mismo valor de verdad (ambas son verdaderas o ambas son falsas). Y hemos ilustrado cómo la bicondicional p ↔ q, cuando es verdadera, obliga a que si se cumple p también se cumpla q *y*, *viceversa*, si se cumple q debe cumplirse p.

Disponemos ahora de los conectivos lógicos, a saber, conjunción, disyunción, disyunción excluyente, implicación y bicondicional, además de la negación, con los cuales podemos construir nuevas proposiciones cuyo valor de verdad depende de los valores de verdad de las proposiciones constituyentes y se obtienen de la tabla de verdad de los conectivos.

Ejemplo 2.18. A partir de las afirmaciones

$$p: \text{Voy a la playa,}$$
$$q: \text{Hace calor,}$$
$$r: \text{Llueve,}$$

construimos nuevas proposiciones y las enunciamos,

$(q \wedge \neg r) \to p$: Si hace calor y no llueve, voy a la playa.

$q \to (\neg r \to p)$: Si hace calor entonces, si no llueve voy a la playa.

$p \leftrightarrow q$: Voy a la playa si, y sólo si, hace calor.

$(r \wedge \neg q) \to \neg p$: Llueve y no hace calor, entonces no voy a la playa. ☺

Actividad 2.2. Clima y diversión. Quienes no vivan cerca de la playa podrán construir afirmaciones similares y adecuadas a sus condiciones climáticas y de posibilidades de diversión.

2.7. Álgebra de proposiciones

Si vemos los conectivos como operaciones y la equivalencia como una igualdad, podemos efectuar cálculos algebraicos con las proposiciones.

Ejemplo 2.19. Transformar por medio de álgebra de proposiciones la proposición $(q \wedge \neg r) \to p$.

Solución. Se trata de una implicación, que se define en la página 48 como $p \to q \stackrel{\text{def}}{=\!=} \neg p \vee q$, aplicamos esta definición y obtenemos

$$(q \wedge \neg r) \to p \equiv \neg(q \wedge \neg r) \vee p,$$

por la primera ley de De Morgan de la página 47

$$\equiv (\neg q \vee \neg\neg r) \vee p,$$

por la doble negación

$$\equiv (\neg q \vee r) \vee p,$$

reordenamos usando la conmutatividad y la asociatividad

$$\equiv (p \vee \neg q) \vee r,$$

aplicando la doble negación y las leyes de De Morgan

$$\equiv \neg(\neg p \wedge q) \vee r,$$

y, por definición de implicación

$$\equiv (\neg p \wedge q) \to r.$$

Por medio de esta manipulación algebraica efectuada en las proposiciones hemos demostrado que

$$(q \wedge \neg r) \to p \equiv (\neg p \wedge q) \to r.$$

2.7. Álgebra de proposiciones

El lado izquierdo de la equivalencia es la primera implicación que vimos en el Ejemplo 2.18 de la página 53 donde usamos las afirmaciones

p: Voy a la playa,
q: Hace calor,
r: Llueve.

La primera implicación de ese ejemplo es:

$(q \wedge \neg r) \to p$: Si hace calor y no llueve, voy a la playa.

Pero esta implicación es equivalente a $(\neg p \wedge q) \to r$ la cual, en términos del Ejemplo 2.18 es:

$(\neg p \wedge q) \to r$: Si no voy a la playa y hace calor, llueve.

Lo cual finalmente nos dice que las expresiones

Si hace calor y no llueve, voy a la playa.
Si no voy a la playa y hace calor, llueve.

son equivalentes. ☺

Problema 2.9

Demuestra que las siguientes proposiciones son equivalentes

1. Si hace calor entonces, si no llueve voy a la playa.
2. Si no voy a la playa, entonces si hace calor, llueve.

Los resultados de las operaciones algebraicas con proposiciones son independientes de su significado literal. Que la proposición sea "p: *Voy a la playa*" o "p: *El libro está abierto*", da lo mismo en lo que se refiere a las operaciones efectuadas.

Ejemplo 2.20. Demuestra que la proposición $(r \wedge \neg q) \to \neg p$ es equivalente a $(p \wedge r) \to q$.

Solución. Por la definición de implicación

$$(r \wedge \neg q) \to \neg p \equiv \neg(r \wedge \neg q) \vee \neg p,$$

aplicando las leyes de De Morgan

$$\equiv (\neg r \vee q) \vee \neg p,$$

y las propiedades de conmutatividad y asociatividad

2. Elementos de lógica

$$\equiv (\neg p \vee \neg r) \vee q,$$

de nuevo con las leyes de De Morgan

$$\equiv \neg(p \wedge r) \vee q,$$

y, finalmente la definición de implicación

$$\equiv (p \wedge r) \to q.$$

Hemos demostrado la equivalencia

$$(r \wedge \neg q) \to \neg p \equiv (p \wedge r) \to q,$$

que es independiente del significado de las proposiciones p, q y r.

Si tomamos las proposiciones p q y r del Ejemplo 2.18 de la página 53:

> p: Voy a la playa,
>
> q: Hace calor,
>
> r: Llueve,

la equivalencia demostrada significa que las proposiciones

> Llueve y no hace calor, entonces no voy a la playa,
>
> Voy a la playa y llueve, entonces hace calor

son equivalentes.

Pero la equivalencia funciona para cualesquiera que sean las proposiciones, digamos

> p: El libro está abierto,
>
> q: Llegaron las golondrinas,
>
> r: Hoy comí sopa,

la equivalencia significa que las proposiciones

1. Hoy comí sopa y no llegaron las golondrinas, entonces el libro no está abierto,

2. El libro está abierto y hoy comí sopa, entonces llegaron las golondrinas,

son equivalentes. ☺

Ejemplo 2.21. Simplifica la expresión $\neg[(p \vee q) \to r]$.

Solución. Aplicamos, dentro de los paréntesis cuadrados, la definición de implicación

$$\neg[(p \vee q) \to r] \equiv \neg[\neg(p \vee q) \vee r],$$

después, dentro de los paréntesis cuadrados, las leyes de De Morgan

2.7. Álgebra de proposiciones

$$\equiv \neg[(\neg p \wedge \neg q) \vee r],$$

ahora las leyes de De Morgan a los paréntesis cuadrados

$$\equiv \neg(\neg p \wedge \neg q) \wedge \neg r,$$

y aplicamos las leyes de De Morgan a la primera negación

$$\equiv (p \vee q) \wedge \neg r.$$

Obtenemos así que

$$\neg[(p \vee q) \to r] \equiv (p \vee q) \wedge \neg r. \qquad ☺$$

Ejemplo 2.22. Simplifica la expresión $\neg\left[\neg((p \vee q) \wedge r) \vee \neg q\right]$.

Solución. Aplicamos las leyes de De Morgan al paréntesis cuadrado

$$\neg\left[\neg((p \vee q) \wedge r) \vee \neg q\right] \equiv ((p \vee q) \wedge r) \wedge q,$$

reordenamos el lado derecho

$$\equiv ((p \vee q) \wedge q) \wedge r,$$

por la ley de absorción

$$\equiv q \wedge r.$$

Tenemos así que

$$\neg\left[\neg((p \vee q) \wedge r) \vee \neg q\right] \equiv q \wedge r. \qquad ☺$$

Problema 2.10

Simplifica la expresión $\neg(p \to (\neg q \wedge r))$.

Resumen de Propiedades

V o **F**. Verdadero o Falso, posibles valores de verdad.

¬p. No p, la negación de p. Si p es verdadera ¬p es falsa, y *viceversa*.

p ∧ q. La conjunción p y q es verdadera cuando ambas lo son.

p ∨ q. La disyunción p o q es verdadera cuando alguna lo es.

p ⊻ q. La disyunción excluyente es verdadera cuando **solamente una** de ellas es verdadera.

p ≡ q. Dos proposiciones son equivalentes si sus tablas de verdad son iguales.

¬(¬p) ≡ p. La doble negación de p es equivalente a p.

p ⊻ q $\stackrel{\text{def}}{=}$ (p ∨ q) ∧ (¬(p ∧ q)). Usamos el símbolo $\stackrel{\text{def}}{=}$ para definir una proposición.

p ∧ p ≡ p y p ∨ p ≡ p. La conjunción y la disyunción son operaciones **idempotentes**.

p ∧ q ≡ q ∧ p y p ∨ q ≡ q ∨ p. La conjunción y la disyunción de proposiciones son operaciones **conmutativas**.

(p ∧ q) ∧ r ≡ p ∧ (q ∧ r) y (p ∨ q) ∨ r ≡ p ∨ (q ∨ r). Tanto la conjunción como la disyunción son operaciones **asociativas**.

p ∧ (q ∨ r) ≡ (p ∧ q) ∨ (p ∧ r). Se cumplen dos propiedades **distributivas**, en ésta *la disyunción distribuye a la conjunción*.

p ∨ (q ∧ r) ≡ (p ∨ q) ∧ (p ∨ r). Se cumplen dos propiedades **distributivas**, en ésta *la conjunción distribuye a la disyunción*.

Leyes de De Morgan

¬(p ∧ q) ≡ ¬p ∨ ¬q. La negación de una disyunción es equivalente a la conjunción de las negaciones.

¬(p ∨ q) ≡ ¬p ∧ ¬q. La negación de una disyunción es equivalente a la conjunción de las negaciones.

Implicación

p → q $\stackrel{\text{def}}{=}$ ¬p ∨ q. Si p entonces q se define como no p o q.

q → p. Recíproca de p → q.

¬p → ¬q. Inversa de p → q.

¬q → ¬p. Contrapositiva de p → q.

p ↔ q $\stackrel{\text{def}}{=}$ (p → q) ∧ (q → p). Bicondicional, p si, y sólo si, q; p es *condición necesaria y suficiente* para q.

Capítulo 3

¿Cómo razonar?

3.1. Tautología y contradicción

Un tipo de proposición que nos interesa de manera particular, es la que *siempre es verdadera*, independientemente de los valores de verdad de sus proposiciones constituyentes, quizá el ejemplo más sencillo sea $p \vee \neg p$.

Otro tipo de proposición que nos interesa es la que *siempre es falsa*, independientemente de los valores de verdad de sus proposiciones constituyentes, el ejemplo más sencillo es $p \wedge \neg p$.

p	¬p	p ∨ ¬p	p ∧ ¬p
V	F	V	F
F	V	V	F

Definición 3.1. Tautología y contradicción. Una *tautología* es una proposición que siempre es verdadera, una *contradicción* es una proposición que siempre es falsa, independientemente de los valores de verdad de sus proposiciones constituyentes.

Ejemplo 3.1. Demuestra que $p \to (p \vee q)$ es una tautología.

Solución. Construimos la tabla de verdad de $p \to (p \vee q)$

p	q	p ∨ q	p → (p ∨ q)
V	V	V	V
V	F	V	V
F	V	V	V
F	F	F	V

y vemos que la proposición p → (p ∨ q) siempre es verdadera, independientemente de los valores de las proposiciones constituyentes, luego se trata de una *tautología*. ☺

Ejemplo 3.2. La implicación (q ∧ ¬r) → p no es una tautología.

Solución. Construimos su tabla de verdad.

p	q	r	¬r	q ∧ ¬r	(q ∧ ¬r) → p
V	V	V	F	F	V
V	V	F	V	V	V
V	F	V	F	F	V
V	F	F	V	F	V
F	V	V	F	F	V
F	V	F	V	V	F
F	F	V	F	F	V
F	F	F	V	F	V

Vemos que en el sexto renglón la implicación tiene valor F, es decir, **no** sucede que para *todos* los valores posibles de p, q y r la implicación es verdadera, por lo tanto la implicación no es una tautología. ☺

Ejemplo 3.3. Demuestra que (p ∧ ¬q) ∧ q es una contradicción.

Solución. Construimos la tabla de verdad de (p ∧ ¬q) ∧ q

p	q	p ∧ ¬q	(p ∧ ¬q) ∧ q
V	V	F	F
V	F	V	F
F	V	F	F
F	F	F	F

vemos que la proposición (p ∧ ¬q) ∧ q siempre es falsa, independientemente de los valores de sus proposiciones constituyentes, luego se trata de una *contradicción*. ☺

Ejemplo 3.4. Demuestra que (p ∧ ¬q) ∨ ¬p no es una contradicción.

Solución. Construimos su tabla de verdad,

p	q	p ∧ ¬q	(p ∧ ¬q) ∨ ¬p
V	V	F	F
V	F	V	V
F	V	F	V
F	F	F	V

3.1. Tautología y contradicción

Vemos que el valor de verdad de $(p \wedge \neg q) \vee \neg p$ en los últimos tres renglones de su tabla es V, luego **no** sucede que *todos* los valores de verdad son F. Por lo tanto no se trata de una contradicción. ☺

Para demostrar que una proposición es una **tautogía** debemos verificar que siempre es *verdadera*, independientemente de los valores de verdad de sus proposiciones constituyentes.

Para demostrar que una proposición es una **contradicción** debemos verificar que siempre es *falsa*, independientemente de los valores de verdad de sus proposiciones constituyentes.

PROBLEMA 3.1

Si p y q son proposiciones, demuestra que $\neg(p \vee \neg q) \to \neg p$ es una tautología.

PROBLEMA 3.2

Demuestra que $(p \wedge \neg q) \to \neg p$ no es una tautología

PROBLEMA 3.3

Analiza la proposición $(\neg p \wedge \neg q) \to (p \vee q)$. ¿Es una tautología o una contradicción?

PROBLEMA 3.4

¿Qué puedes decir de la proposición $(\neg p \wedge q) \to \neg(p \wedge q)$?

Denotemos con $\mathcal{T}$ a una *tautología* y con $\mathcal{C}$ a una *contradicción*, en el sentido de que $p \vee \neg p \equiv \mathcal{T}$ y que $p \wedge \neg p \equiv \mathcal{C}$. Así, tenemos que se cumplen las siguientes propiedades.

PROPIEDAD. 3.1. *Si $\mathcal{T}$ denota tautología y $\mathcal{C}$ denota contradicción, entonces para cualquier proposición p se cumple que:*

i) *La conjunción de una tautología con cualquier proposición es una tautología:* $\mathcal{T} \vee p \equiv \mathcal{T}$.

ii) *La disyunción de una contradicción con cualquier proposición en una contradicción:* $\mathcal{C} \wedge p \equiv \mathcal{C}$.

DEMOSTRACIÓN. Para el primer inciso, sea p cualquier proposición, sus valores de verdad pueden ser V o F, mientras que el valor de verdad de $\mathcal{T}$ siempre es V. La tabla de la conjunción será entonces

p	$\mathcal{T}$	$\mathcal{T} \vee p$
V	V	V
F	V	V

Los valores de la última columna son todos V luego la conjunción es una tautología.

Para el segundo inciso, los valores de verdad de p pueden ser V o F mientras que el valor de verdad de $\mathcal{C}$ siempre es F. La tabla de la disyunción es

p	$\mathcal{C}$	$\mathcal{C} \wedge p$
V	F	F
F	F	F

Los valores de la última columna son todos F luego la disyunción es una contradicción. ☺

EJEMPLO 3.5. Simplifica la expresión $\neg[(p \wedge \neg q) \to \neg q]$ y di si se trata de una tautología o una contradicción.

SOLUCIÓN. Aplicamos la definición de implicación dentro de la negación

$$\neg[(p \wedge \neg q) \to \neg q] \equiv \neg[\neg(p \wedge \neg q) \vee \neg q]$$
$$\equiv (p \wedge \neg q) \wedge q$$
$$\equiv p \wedge (q \wedge \neg q)$$
$$\equiv p \wedge \mathcal{C}$$
$$\equiv \mathcal{C}$$

La expresión $\neg[(p \wedge \neg q) \to \neg q]$ es una contradicción ☺

3.2. Reglas de inferencia

Hay varias tautologías que constituyen maneras básicas de razonar, llamadas también *reglas de inferencia*.

DEFINICIÓN 3.2. IMPLICACIÓN LÓGICA. Si p y q son proposiciones tales que $p \to q$ es una tautología, decimos que p *implica lógicamente* a q y lo escribimos , usando el símbolo "⇒", es decir $p \Rightarrow q$.

DEFINICIÓN 3.3. EQUIVALENCIA LÓGICA. Si p y q son proposiciones tales que $p \leftrightarrow q$ es una tautología, decimos que p *es lógicamente equivalente* a q y lo escribimos usando el símbolo "⇔", es decir $p \Leftrightarrow q$.

3.2. Reglas de inferencia

Tanto la implicación lógica como la equivalencia lógica son **maneras correctas** de razonar, en particular, si en una implicación lógica la hipótesis es verdadera, la conclusión necesariamente lo es.

Las siguientes implicaciones lógicas, llamadas *reglas de inferencia*, son ejemplo de maneras correctas de razonar.

CRISIPO DE SOLOS, Χρύσιππος ὁ Σολεύς, nació por el 279 a. c. en Solos, Asia Menor y murió en Atenas por el 206 a. c. Analizó y clasificó varias formas de razonamiento: "Si es de día hay luz. Es de día, luego hay luz"[a].

[a] Citado por SEXTO EMPÍRICO, *Contra los Profesores*, VIII, 224, en SOLOS, *Testimonios y fragmentos I*, p. 386.

DEFINICIÓN 3.4. MODUS PONENS. Se llama *modus ponens* o *razonamiento directo*, al razonamiento usado mediante la implicación lógica

$$[(p \to q) \wedge p] \to q.$$

La proposición $(p \to q) \wedge p$ es la hipótesis y q es la conclusión.

Para que la definición anterior sea consistente, debemos verificar que la proposición $[(p \to q) \wedge p] \to q$ es una tautología y así, una implicación lógica.

AFIRMACIÓN 3.1. *La proposición* $[(p \to q) \wedge p] \to q$ *es una tautología.*

DEMOSTRACIÓN. Una tautología, según la Definición 3.1 de la página 59, es una proposición que siempre es verdadera, independientemente de los valores de verdad de sus proposiciones constituyentes. Verifiquemos construyendo su tabla de verdad.

p	q	$p \to q$	$(p \to q) \wedge p$	$[(p \to q) \wedge p] \to q$
V	V	V	V	V
V	F	F	F	V
F	V	V	F	V
F	F	V	F	V

En las dos primeras columnas colocamos las posibles combinaciones de los valores de verdad de p y q. En la tercera columna los valores de verdad de $p \to q$ correspondientes, sólo es F en el segundo renglón, donde p es verdadera y q falsa (ver Def. 2.7, p. 48). En la cuarta columna tenemos la conjunción de la tercera y la primera, sólo en el primer renglón ambas son verdaderas. Finalmente en la quinta columna está la implicación de la cuarta y la segunda; todos los valores son V (¿Por qué?). ☺

Hemos verificado que la proposición $[(p \to q) \land p] \to q$ es una tautología, se puede leer como *si p implica q y sucede p, entonces sucede q*, y se escribe

$$[(p \to q) \land p] \Rightarrow q.$$

Ejemplo 3.6. Usemos de nuevo las proposiciones del Ejemplo 2.14 de la página 50,

>p: Llueve,
>
>q: Voy al cine.

Modus ponens: Si llueve entonces voy al cine, llueve, entonces voy al cine.

>Hipótesis: Si llueve entonces voy al cine.
>
>Llueve.
>
>Conclusión: Voy al cine. ☺

Definición 3.5. Modus tollens. Se llama *modus tollens* o *razonamiento indirecto*, al razonamiento usado mediante la implicación lógica

$$[(p \to q) \land \neg q] \to \neg p.$$

La proposición $(p \to q) \land \neg p$ es la hipótesis y $\neg p$ es la conclusión.

Como en el caso anterior de la Definición 3.4 de la página 63, debemos demostrar que la implicación lógica es una tautología.

Afirmación 3.2. *La proposición $[(p \to q) \land \neg q] \to \neg p$ es una tautología.*

Demostración. Construimos su tabla de verdad para verificarlo.

p	q	¬q	p → q	(p → q) ∧ ¬q	[(p → q) ∧ ¬q] → ¬p
V	V	F	V	F	V
V	F	V	F	F	V
F	V	F	V	F	V
F	F	V	V	V	V

☺

Así, el *modus tollens* o *razonamiento indirecto* se escribe

$$[(p \to q) \land \neg q] \Rightarrow \neg p.$$

Ejemplo 3.7. Usemos una vez más las proposiciones del Ejemplo 2.14 de la página 50,

>p: Llueve,
>
>q: Voy al cine.

3.2. Reglas de inferencia

Modus tollens: Si llueve entonces voy al cine, no voy al cine, entonces no llueve.

> Hipótesis: Si llueve entonces voy al cine,
> No voy al cine.
> Conclusión: No llueve. ☺

Definición 3.6. Modus tollendo ponens. Se llama ***modus tollendo ponens*** o ***silogismo disyuntivo***, al razonamiento usado mediante la implicación lógica

$$[(p \vee q) \wedge \neg p] \to q.$$

La proposición $(p \vee q) \wedge \neg p$ es la hipótesis y q es la conclusión.

Como en las definiciones anteriores, debemos demostrar que la implicación lógica es una tautología.

Afirmación 3.3. *La proposición* $[(p \vee q) \wedge \neg p] \to q$ *es una tautología.*

Demostración. Construimos su tabla de verdad para verificarlo.

p	q	p ∨ q	¬p	(p ∨ q) ∧ ¬p	[(p ∨ q) ∧ ¬p] → q
V	V	V	F	F	V
V	F	V	F	F	V
F	V	V	V	V	V
F	F	F	V	F	V

☺

Así, el *modus tollendo ponens* o *silogismo disyuntivo* se escribe

$$[(p \vee q) \wedge \neg p] \Rightarrow q.$$

Ejemplo 3.8. Usemos de nuevo las proposiciones del Ejemplo 2.14 de la página 50,

> p: Llueve,
> q: Voy al cine.

Modus tollendo ponens: Si llueve o voy al cine, y no llueve, entonces voy al cine.

> Hipótesis: Llueve o voy al cine,
> No llueve.
> Conclusión: Voy al cine. ☺

Definición 3.7. Modus ponendo tollens. Se llama *modus ponendo tollens* al razonamiento usado mediante la implicación lógica

$$[\neg(p \wedge q) \wedge p] \to \neg q.$$

La proposición $\neg(p \wedge q) \wedge p$ es la hipótesis y $\neg q$ es la conclusión.

Nuevamente, debemos demostrar que la implicación lógica es una tautología.

Afirmación 3.4. *La proposición* $[\neg(p \wedge q) \wedge p] \to \neg q$ *es una tautología.*

Demostración. Construimos su tabla de verdad para verificarlo.

p	q	$p \wedge q$	$\neg(p \wedge q)$	$\neg(p \wedge q) \wedge p$	$[\neg(p \wedge q) \wedge p] \to \neg q$
V	V	V	F	F	V
V	F	F	V	V	V
F	V	F	V	F	V
F	F	F	V	F	V

☺

El *modus ponendo tollens* se escribe

$$[\neg(p \wedge q) \wedge p] \Rightarrow \neg q.$$

Ejemplo 3.9. Usando de nuevo las proposiciones del Ejemplo 2.14 de la página 50,

p: Llueve,

q: Voy al cine.

Modus ponendo tollens: Si no: llueve y voy al cine, y llueve, entonces no voy al cine.

Hipótesis: No: llueve y voy al cine,

Llueve.

Conclusión: No voy al cine. ☺

El *modus ponendo tollens* parte de la negación de una conjunción, es decir $\neg(p \wedge q)$. Después se agrega que se cumple la primera parte de la conjunción y se concluye que no se cumple la segunda. Una buena analogía es decir que si dos eventos p y q no suceden simultáneamente y sucede p entonces no sucede q.

EJEMPLO 3.10. La primera parte de la hipótesis es la negación de una conjunción.

$$p: \text{Como,}$$
$$q: \text{Nado.}$$

Modus ponendo tollens: Si no: como y nado, y como, entonces no nado.

HIPÓTESIS: No: como y nado,
Como.
CONCLUSIÓN: No nado. ☺

DEFINICIÓN 3.8. REGLA DE LA CADENA. Se llama *regla de la cadena* o *silogismo hipotético*, al razonamiento usado mediante la implicación lógica

$$[(p \to q) \land (q \to r)] \to (p \to r).$$

La proposición $(p \to q) \land (q \to r)$ es la hipótesis y $p \to r$ es la conclusión.

Como sucedió en la Definición 3.4 de la página 63 y subsecuentes, debemos demostrar que la implicación lógica es una tautología.

AFIRMACIÓN 3.5. *La proposición* $[(p \to q) \land (q \to r)] \to (p \to r)$ *es una tautología.*

DEMOSTRACIÓN. Construimos su tabla de verdad para verificarlo. Veamos primero las implicaciones:

p	q	r	$p \to q$	$q \to r$	$p \to r$
V	V	V	V	V	V
V	V	F	V	F	F
V	F	V	F	V	V
V	F	F	F	V	F
F	V	V	V	V	V
F	V	F	V	F	V
F	F	V	V	V	V
F	F	F	V	V	V

Después la conjunción y completamos:

p	q	r	$(p \to q) \wedge (q \to r)$	$[(p \to q) \wedge (q \to r)] \to (p \to r)$
V	V	V	V	V
V	V	F	F	V
V	F	V	F	V
V	F	F	F	V
F	V	V	V	V
F	V	F	F	V
F	F	V	V	V
F	F	F	V	V

La *regla de la cadena* se escribe

$$[(p \to q) \wedge (q \to r)] \Rightarrow (p \to r).$$

EJEMPLO 3.11. En este caso tenemos tres proposiciones,

p: Llueve,

q: Voy al cine.

r: Volveré tarde.

Regla de la cadena: Si llueve entonces voy al cine, si voy al cine entonces volveré tarde, luego si llueve volveré tarde.

HIPÓTESIS: Si llueve entonces voy al cine,
Si voy al cine entonces volveré tarde.
CONCLUSIÓN: Si llueve entonces volveré tarde.

PROBLEMA 3.5

Demuestra que el llamado *Principio de demostración indirecta*,

$$[(\neg p \to \neg q) \wedge q] \to p,$$

es una implicación lógica.

Capítulo 4

Lógica y conjuntos

4.1. Proposiciones abiertas

Un tipo de proposiciones son **abiertas**, se trata de afirmaciones cuyo *valor de verdad*, es decir, que la proposición sea verdadera, o que sea falsa, depende del objeto acerca del cual se realice la afirmación. Como el valor de verdad de la proposición **depende** de a quién se refiera la proposición, la denotaremos con p(x), que se lee "p *de* x".

Ejemplo 4.1. Sea la proposición abierta

$$p(x)\text{: x tiene frontera con Perú,}$$

donde x es un elemento de A, el conjunto de países del continente americano. Depende del *valor* de x el valor de verdad que tenga p, por ejemplo, si x = Ecuador, entonces la proposición p es verdadera mientras que si x = Paraguay, la proposición p es falsa. Escrito de otra manera, p(Ecuador) es una proposición verdadera, mientras que p(Paraguay) es una proposición falsa. Podemos definir el conjunto E como el conjunto de los países x para los cuales la proposición p(x) es verdadera,

$$E = \{\, x \in A \mid \text{es verdad que x tiene frontera con Perú}\,\},$$

o bien,

$$E = \{\, x \in A \mid p(x) \text{ es verdadera}\,\}. \qquad ☺$$

En general, sea Ω un conjunto universo y p(x) una proposición abierta acerca de los objetos de Ω.

Definición 4.1. Conjunto de verdad. El conjunto A de objetos de Ω para los cuales p(x) es una proposición verdadera se llama el *conjunto de* *verdad* de p y se describe como

$$A = \{\, x \in \Omega \mid p(x) \text{ es verdadera}\,\},$$

o, simplemente,

$$A = \{\, x \in \Omega \mid p(x)\,\},$$

que se lee "A es el conjunto de las x en Ω tales que p de x".

Ejercicio 4.1. Si Ω es el conjunto formado por las palabras en español, halla el conjunto de verdad de las siguientes proposiciones abiertas,

p(x): x es día de la semana,

q(y): y es el nombre de un dígito,

Propiedad. 4.1. *Si* $A = \{\, x \in \Omega \mid p(x)\,\}$ *es el conjunto de verdad de p, entonces el conjunto de verdad de* $\neg p$ *es* A^c.

Demostración. Por definición, el conjunto de verdad B de $\neg p$ es

$$B = \{\, x \in \Omega \mid \neg p(x)\,\},$$

Hemos de mostrar que $B = A^c$. Para ello, como B es el conjunto de verdad de $\neg p$, tenemos

$$x \in B \Leftrightarrow \neg p(x) \text{ es verdadera,}$$

por la Definición 2.1 de la página 34 y la tabla que le sigue,

$$\Leftrightarrow p(x) \text{ es falsa,}$$
$$\Leftrightarrow x \notin A,$$
$$\Leftrightarrow x \in A^c.$$
☺

Propiedad. 4.2. *Si A es el conjunto de verdad de p y B es el conjunto de verdad de q, entonces*

1. *El conjunto de verdad de* $p \wedge q$ *es* $A \cap B$,

2. *El conjunto de verdad de* $p \vee q$ *es* $A \cup B$.

Demostración. Son dos afirmaciones, se requieren dos demostraciones.

1. El conjunto de verdad R de $p \wedge q$ es, por definición,

$$R = \{x \in \Omega \mid (p \wedge q)(x) \text{ es verdadera}\}.$$

Tenemos que si $x \in R$, entonces $(p \wedge q)(x)$ es verdadera, pero esto sucede sólo si $p(x)$ es verdadera y $q(x)$ es verdadera, lo cual implica que $x \in A$ y $x \in B$, luego $x \in A \cap B$. Hemos demostrado que $R \subseteq A \cap B$. Ahora, si $x \in A \cap B$ entonces $x \in A$ y $x \in B$, es decir $p(x)$ es verdadera y $q(x)$ es verdadera —A y B son los conjuntos de verdad de p y de q, respectivamente—, luego $(p \wedge q)(x)$ es verdadera, por la definición de *conjunción*, y tenemos que $x \in R$. Hemos demostrado la doble contención, por lo tanto $R = A \cap B$.

2. El conjunto de verdad S de $p \vee q$ es, por definición,

$$S = \{x \in \Omega \mid (p \vee q)(x) \text{ es verdadera}\}.$$

Queremos demostrar que $S = A \cup B$. Para ello consideremos $x \in S$,

$$x \in S \Leftrightarrow (p \vee q)(x) \text{ es verdadera},$$
$$\Leftrightarrow p(x) \text{ es verdadera o } q(x) \text{ es verdadera},$$
$$\Leftrightarrow x \in A \text{ o } x \in B,$$
$$\Leftrightarrow x \in A \cup B. \qquad \odot$$

En la demostración de la Propiedad anterior ilustramos dos maneras de argumentar para verificar la doble contención y demostrar la igualdad de dos conjuntos.

Ejemplo 4.2. Sean las proposiciones abiertas

$p(x)$: x tiene frontera con Perú,

$q(x)$: x colinda con el oceano Pacífico.

Halla el conjunto de verdad de $p \wedge q$.

Solución. Según el inciso 1 de la Propiedad 4.2 anterior, el conjunto de verdad de $p \wedge q$ es $A \cap B$ donde A es el conjunto de verdad de p y B es el conjunto de verdad de q. El conjunto A es

$$A = \{\text{Ecuador, Colombia, Brasil, Bolivia, Chile}\},$$

el conjunto B, considerando sólo a los países sudamericanos (¿por qué?),

$$B = \{\text{Colombia, Ecuador, Perú, Chile}\}.$$

Así, $A \cap B = \{\text{Ecuador, Colombia, Chile}\}$ es el conjunto de verdad de $p \wedge q$, los países que tienen frontera con Perú y colindan con el Pacífico. $\odot$

Teorema 4.1. *Si $p(x)$ y $q(x)$ son proposiciones abiertas, A es el conjunto de verdad de p y B es el conjunto de verdad de q, el conjunto de verdad de $p \veebar q$ es*

$$A \triangle B$$

DEMOSTRACIÓN. Por la Definición 2.5 de la página 40, sabemos que

p $\veebar$ q tiene el mismo valor de verdad que $(p \vee q) \wedge (\neg(p \wedge q))$.

Por lo tanto, el conjunto de verdad de p $\veebar$ q es el mismo conjunto de verdad de $(p \vee q) \wedge (\neg(p \wedge q))$. Usando las Propiedades 4.2 y 4.1 de la página 70, tenemos que el conjunto de verdad de $(p \vee q) \wedge (\neg(p \wedge q))$ es $(A \cup B) \cap (A \cap B)^c$. Y finalmente, por la Propiedad 1.12 de la página 28 tenemos que

$$(A \cup B) \cap (A \cap B)^c = A \triangle B.$$

☺

EJEMPLO 4.3. Sea $\Omega = \{1,2,3,4,5,6,7,8,9\}$ un conjunto universo y las proposiciones abiertas

p(x): x es par,

q(x): x es múltiplo de 3.

Halla los conjuntos de verdad de ¬p, ¬q, p $\wedge$ q, p $\vee$ q y p $\veebar$ q.

SOLUCIÓN. Los conjuntos de verdad de p y q son

$$A = \{x \in \Omega \mid p(x)\}$$
$$= \{x \in \Omega \mid x \text{ es par}\}$$
$$= \{2,4,6,8\},$$

y

$$B = \{x \in \Omega \mid q(x)\}$$
$$= \{x \in \Omega \mid x \text{ es múltiplo de 3}\}$$
$$= \{3,6,9\}.$$

El conjunto de verdad de ¬p es $A^c = \{1,3,5,7,9\}$ y el de ¬q es $B^c = \{1,2,4,5,7,8\}$, tenemos, además, que el conjunto de verdad de p $\wedge$ q —los pares de Ω que son múltiplos de 3— es

$$A \cap B = \{6\},$$

el conjunto de verdad de p $\vee$ q es

$$A \cup B = \{2,3,4,6,8,9\},$$

y el conjunto de verdad de p $\veebar$ q —una de dos, es par o es múltiplo de 3— es

$$A \triangle B = (A \cup B) \cap (A \cap B)^c$$
$$= \{2,3,4,6,8,9\} \cap \{1,2,3,4,5,7,8,9\}$$
$$= \{2,3,4,8,9\}.$$

☺

Problema 4.1

Sea el conjunto universo

$\Omega = \{$lunes, martes, miércoles, jueves, viernes, sábado, domingo$\}$

y las proposiciones abiertas

$p(x)$: x comienza con *m*,

$q(x)$: x tiene tres vocales distintas,

$r(x)$: x tiene una *a*,

$s(x)$: x comienza con *e*.

Halla los conjuntos de verdad de $\neg p$, $\neg r$, $p \wedge r$, $q \vee s$ y $p \veebar q$.

4.2. Para toda(o) y Existe

Sea A un conjunto y $p(x)$ la proposición abierta "x pertenece a A". Claramente, el conjunto de verdad de p es A.

Si $A \subseteq B$ y p y q son proposiciones cuyos conjuntos de verdad son A y B, respectivamente, por la definición de contención sabemos que si $x \in A$ entonces $x \in B$, pero si $x \in A$ entonces $p(x)$ es verdadera, al tener que $x \in B$ tendremos que $q(x)$ es verdadera. es decir,

> Si A es el conjunto de verdad de p y B es el conjunto de verdad de q y $A \subseteq B$, tenemos que si $p(x)$ es verdadera entonces $q(x)$ es verdadera.

Y *viceversa*, si tenemos que cada vez que $p(x)$ es verdadera sucede que $q(x)$ es verdadera, y A es el conjunto de verdad de p y B es el conjunto de verdad de q, entonces $A \subseteq B$.

El símbolo $\forall$ es el *cuantificador universal*, se lee **para toda** (o *para todo*), lo usamos para referirnos a quienes cumplen cierta propiedad. Por ejemplo, en la Definición 1.4 de *subconjunto*, en la página 9, decimos que $A \subseteq B$ si cada elemento de A es a su vez un elemento de B. Usando el cuantificador universal decimos que

$$A \subseteq B \quad \text{si, y sólo si,} \quad \forall x \in A, x \in B,$$

que se lee:

> A es un subconjunto de B si, y sólo si, para todo elemento x que pertenece a A, sucede que x pertenece a B.

Se puede leer de varias maneras, en la definición de subconjunto podemos usar cualquiera de las expresiones siguientes:

$A \subseteq B \Leftrightarrow x \in A \Rightarrow x \in B$,

$A \subseteq B \Leftrightarrow$ x elemento de A implica x elemento de B,

$A \subseteq B \Leftrightarrow \forall x \in A, x \in B$,

$A \subseteq B \Leftrightarrow$ Para toda x en A, x está en B,

$A \subseteq B \Leftrightarrow$ Para cada x en A, x está en B.

$A \subseteq B \Leftrightarrow$ Para todo elemento x de A, x está en B.

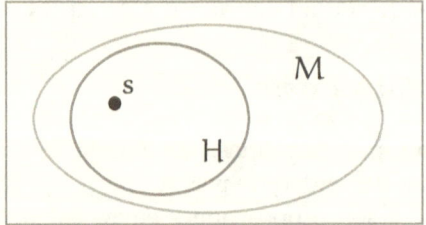

Figura 4.1 Sócrates es hombre.

Reformulemos el Ejemplo 1.14 de la página 11.

Ejemplo 4.4. Sean las proposiciones

$q(x)$: x es un ser mortal.

$p(x)$: x es hombre.

Sea M el conjunto de verdad de q y H el conjunto de verdad de p. Representamos la frase *todos los hombres son mortales* como

$\forall x$ tal que $p(x)$, se cumple $q(x)$,

o, según vimos al principio de esta sección,

$H \subseteq M$.

Denotemos con s a Sócrates. Tenemos que $p(s)$ es verdadera, luego $q(s)$ es verdadera. Es decir, como es verdad que Sócrates es hombre, entonces es verdad que Sócrates es mortal. ☺

Ejemplo 4.5. Sea Ω el conjunto de los nombres de los días de la semana, es decir

$\Omega = \{$ lunes, martes, miércoles, jueves, viernes, sábado, domingo $\}$.

Consideremos las proposiciones

$p(x)$: x comienza con la letra m.

$q(x)$: x termina con la letra s.

Es cierto que $\forall x \in \Omega$ tal que $p(x)$, se cumple $q(x)$. Es decir, cada nombre que comienza con m termina con s.

Si A es el conjunto de verdad de p y B es el de q, lo anterior significa que $\forall x \in A, x \in B$, o simplemente: $A \subseteq B$. ☺

Problema 4.2

Describe por medio del cuantificador universal a los elementos de A^c, $A \cap B$ y $B \setminus A$.

El símbolo $\exists$ es el *cuantificador existencial*, se lee *existe*, lo usamos para indicar que hay al menos un elemento de un conjunto que cumple con determinada propiedad.

En la página 11, en la Definición 1.5 de *subconjunto propio* se pide la existencia de algún elemento de B que no pertenezca a A. Usando los cuantificadores la podemos escribir como

$$A \subset B \Leftrightarrow \forall x \in A, x \in B \text{ y } \exists y \in B \text{ tal que } y \notin A,$$

lo cual se lee

> A es subconjunto propio de B si, y sólo si, para toda x en A, x está en B y existe al menos una y en B tal que y no está en A.

Usamos varias expresiones: decimos *existe una* x ..., refiriéndonos a la *letra* x como el objeto del cual afirmamos su existencia. Quizá sea mejor decir *existe un* x ..., refiriéndonos a que existe algún *elemento* x.

> Si existe alguna camisa que no es azul entonces es falso que **todas** las camisas son azules.

Ejemplo 4.6. Usemos de nuevo el conjunto Ω del Ejemplo 4.5 de la página 74 de los nombres de los días de la semana. Sean las proposiciones

$s(x)$: x es esdrújula.

$t(x)$: x comienza con la letra m.

¿Es cierto que el conjunto de verdad de s está contenido en el conjunto de verdad de t?

Solución. Sea C el conjunto de verdad de s y D el de t. Para responder 'sí', hay que verificar que $\forall x \in C, x \in D$. Veamos:

$$C = \{\text{miércoles, sábado}\},$$
$$D = \{\text{martes, miércoles}\}.$$

Vemos que $\exists x \in C$ tal que $x \notin D$, a saber $x = $ sábado, que es esdrújula pero **no** comienza con *m*. Es decir,

$$C \not\subseteq D \text{ pues } \exists \text{sábado} \in C \mid \text{sábado} \notin D. \qquad \odot$$

Reescribimos la definición de subconjunto propio usando los cuantificadores universal y existencial.

Definición 4.2. SUBCONJUNTO PROPIO. Sean A y B dos conjuntos, A es un *subconjunto propio* de B, y lo denotamos con $A \subset B$ si

1. $\forall x \in A, x \in B,$
2. $\exists y \in B$ tal que $y \notin A$.

Para negar que $A \subset B$, sabiendo que $A \subseteq B$, es necesario *exhibir* algún elemento de B que no pertenezca a A.

Definición 4.3. NEGACIÓN DE LOS CUANTIFICADORES.

Afirmación	Negación
$\forall x, p(x)$	$\exists x$ tal que $\neg p(x)$
$\exists x$ tal que $p(x)$	$\forall x, \neg p(x)$

Ejemplo 4.7. ¿Cómo definimos al cuantificador *ninguno* o *para ningún* y cuál es su negación?

Solución. *Para ningún x se cumple que* $p(x)$ significa que el conjunto de verdad de p es el conjunto vacío $\emptyset$, es decir que para cualquier x se tiene $\neg p(x)$, simbólicamente $\forall x, \neg p(x)$:

$$\text{Para ningún } x, p(x) \equiv \forall x, \neg p(x).$$

La negación la obtenemos de la definición anterior,

$$\neg[\text{Para ningún } x, p(x)] \equiv \neg[\forall x, \neg p(x)]$$
$$\equiv \exists x \mid \neg\neg p(x)$$
$$\equiv \exists x \mid p(x).$$

Así,

Afirmación	Negación
Para ningún x se cumple que p(x)	Existe algún x tal que p(x)

☺

Ejemplo 4.8. Escribe simbólicamente la frase *Hay matrimonios felices*.

Solución. Consideremos la proposiciones abiertas

$m(x)$: x es un matrimonio.
$f(x)$: x es feliz.

Así, la frase se escribe
$$\exists x \mid m(x) \land f(x).$$

El universo Ω es el conjunto de parejas. Si M es el conjunto de verdad de m y F es el conjunto de verdad de f, lo anterior se puede escribir como

$$\exists x \mid x \in M \cap F.$$

☺

Ejemplo 4.9. Simbólicamente la proposición *Todos los tigres son felinos* se escribe
$$\forall x, \ t(x) \Rightarrow f(x).$$

Si T es el conjunto de verdad de t y F es el conjunto de verdad de f, donde

$t(x)$: x es un tigre,
$f(x)$: x es un felino,

la proposición se escribe simplemente $T \subseteq F$. ☺

Problema 4.3

Escribe por medio de cuantificadores las siguientes afirmaciones y su negación:

1. Para toda x se cumple que no es cierto que p(x).

2. No existe x que cumpla p(x).

Problema 4.4

Escribe simbólicamente la proposición *Ningún huracán tocó tierra*.

4.3. Diagramas de Euler y de Venn

A los inocentes diagramas intuitivos que usamos desde la Figura 1.1 de la página 6, en la mayoría de los libros de texto se les llama *Diagramas de Venn* o *Diagramas de Euler* o, lo que es más, *Diagramas de Venn-Euler*. Y usan los nombres de manera indistinta.

Sucede que acompañando a las explicaciones de los razonamientos lógicos, los pensadores han usado diagramas como ayuda didáctica, incluso se dice que, por la manera en que está redactada su obra, el mismo ARISTÓTELES *ha de haber empleado* algo parecido a los inocentes diagramas intuitivos.

Leibniz

Entre los así clasificados *escritos filosóficos* de LEIBNIZ hallamos «*de Formæ Logicæ comprobatione per linearum ductus*, PHIL., *VII, B, IV, 1-2*» en donde combina dos tipos de explicaciones gráficas. Una mediante segmentos paralelos cuyas longitudes relativas sugieren la contención o pertenencia de los referidos en el segmento corto al segmento largo. Y la otra con círculos, uno contenido en el otro, para dar la misma idea de contención, según podemos apreciar en la Figura 4.2.

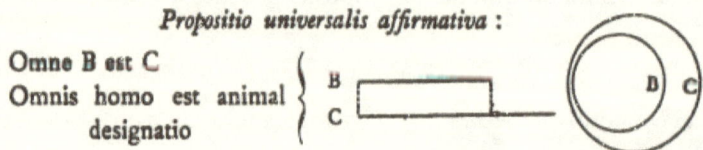

FIGURA 4.2 Diagrama empleado por LEIBNIZ: Todo B es C.

GOTTFRIED WILHELM (VON) LEIBNIZ nació el 1 de julio de 1646 en Hannover y murió el 14 de noviembre de 1716. Construyó el Cálculo Infinitesimal de manera independiente a NEWTON y la notación empleada actualmente. Inventó el sistema binario.[a]

[a] GOTTFRIED WILHELM (VON) LEIBNIZ en WIKIPEDIA.

Unas páginas más adelante vemos, junto con otros diagramas que nos resultarían familiares, uno (Figura 4.3) que ilustra claramente el uso de dichos diagramas como auxiliar para explicar razonamientos lógicos.

4.3. Diagramas de Euler y de Venn

En este caso la inferencia lógica conocida como el silogismo de la forma *Celarent*, que en términos de conjuntos se expresa

$$\text{Si } C \cap B = \emptyset \text{ y } D \subseteq C, \text{ entonces } D \cap B = \emptyset.$$

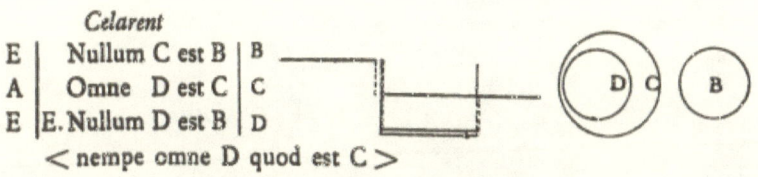

Figura 4.3 Diagrama empleado por Leibniz para ilustrar el silogismo *Celarent*: Ningún C es B, todo D es C, luego ningún D es B.

Euler

El caso de Euler está mejor documentado pues usó los diagramas ampliamente en el famoso curso que impartió por correspondencia a la princesa Friederike Charlotte de la rama Brandenburg-Schwedt de la familia real prusiana, quien más tarde sería la última princesa abadesa de Herford Abbey en el ducado de Sajonia.

La correspondencia se publicó con el título *Cartas a una princesa alemana sobre diversos temas de física y filosofía*. En el tomo II, antes de explicar los silogismos, en las cartas CVI a CVIII, vemos las cartas de la CII a CV enviadas del 14 al 24 de febrero de 1761 donde emplea diagramas para explicar, primero afirmaciones como *Todo* A *es* B, *Ningún* A *es* B, *Algún* A *es* B y *Algún* A *no es* B y para ilustrar razonamientos por medio de silogismos, como se ve en las Figuras 4.4 y 4.5 de la página 80.

Leonhard Euler nació el 15 de abril de 1707 en Basilea, Suiza y murió el 18 de septiembre de 1783 en San Petersburgo, Imperio ruso. Matemático y físico suizo. Se trata del principal matemático del siglo XVIII y uno de los más grandes y prolíficos de todos los tiempos.[a]

---

[a] Leonhard Euler en Wikipedia.

4. Lógica y conjuntos

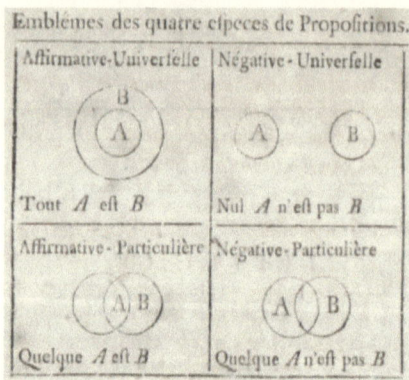

Figura 4.4 Diagramas empleados por Euler.

En su explicación, Euler llama a A y B *nociones abstractas*, refiriéndose a una proposición como *nociones generales formadas por abstracción* mientras que señala varios tipos de proposiciones con ayuda de relaciones entre conjuntos, según vemos en la Figura 4.4.

Euler ilustra proposiciones con diagramas pero no intenta *operar* con ellos. Cuando mucho usa la posición del nombre de la proposición (o del *conjunto*, diríamos nosotros) para hacer énfasis en cierta afirmación, según vemos en la Figura 4.4 en los diagramas correspondientes a *Algún A es B* y *Algún A no es B*, los dos del renglón inferior, donde se trata del mismo diagrama pero con diferente colocación de la letra A.

El diagrama consta de dos círculos que se intersecan, en el caso de

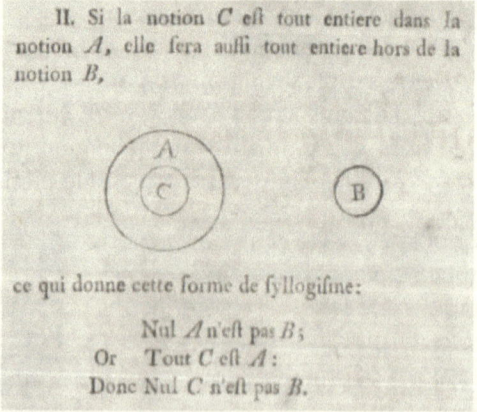

Figura 4.5 Diagrama para el silogismo *Celarent* de Euler: Ningún A es B; Todo C es A; Luego Ningún C es B.

4.3. Diagramas de Euler y de Venn

Algún A *es* B coloca la letra A en la instersección de los dos círculos para indicar que hay elementos de A que están en B. Mientras que en el caso de *Algún* A *no es* B, coloca la letra A fuera del círculo correspondiente a B, para indicar que hay elementos de A que no están en B.

Actualmente, con nuestros inocentes diagramas intuitivos, al representar los *espacios* (como también les llama) A y B con círculos que se intersecan nos indica que hay elementos de A que están en B y hay otros que están fuera de B.

En la Figura 4.5 se percibe la similitud del diagrama que usa Euler para ilustrar el silogismo *Celarent*, con el de Leibniz en la Figura 4.3.

Venn

Los diagramas, llamados en la época *Círculos Eulerianos*, empleados por Euler y otros autores, gozaron de general aceptación hasta que en julio de 1880, J. Venn publicó su trabajo *On the diagrammatic and mechanical representation of propositions and reasonings*, donde señalaba que todos esos diagramas estaban basados en el mismo principio y tenían las mismas limitaciones y defectos.

John Venn nació el 4 de agosto de 1834 en Kingston upon Hull en el Reino Unido y murió el 4 de abril de 1923 en Cambridge. Lógico y filósofo, introdujo los diagramas que actualmente se usan en teoría de conjuntos, probabilidad, lógica, estadística y ciencias de la computación.

En su trabajo Venn señalaba que los diagramas empleados por Euler no describían con suficiente amplitud los casos posibles para una proposición, por ejemplo, al representar *Todo* A *es* B por medio de un círculo contenido en otro, no describía la posibilidad de que A fuera todo B, exigiendo así dos diagramas para esa proposición. En la Figura 4.6 vemos un extracto del trabajo de Venn donde lo reclama.

For instance, the proposition "All X is Y" needs *both* the diagrams, (X,Y) (X Y); for we cannot tell, from the mere verbal statement, whether there are any Y's which are not X.

Figura 4.6 Para ver *Todo* X *es* Y se requieren dos diagramas.

4. Lógica y conjuntos

Cuando se trata de ilustrar *Algún* X *no es* Z la cuestión se complica pues se requieren tres diagramas del tipo de los *Círculos Eulerianos*, uno para ilustrar que aunque algún X no sea Z, algunos quizá sí lo sean, otro para que si algún X no es Z, quizá todos los Z sean X, y finalmente para ilustrar que si algún X no es Z puede ser que *ningún* X sea Z.

Similarly the proposition " Some X is not Z" needs *three* other diagrams,

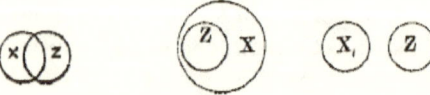

Figura 4.7 Para describir *Algún* X *no es* Z se requieren tres diagramas.

Qué decir cuando tenemos una proposición disjuntiva como *Todo X es Y o Z*, según Venn debemos trazar un esquema completo con todas las posibilidades de la relación entre Y y Z.

Para superar estas dificultades Venn, p. 4 construye lo que llama "un nuevo esquema de representación diagramática" que podría pensarse, afirma, basado en el *método de* Boole e incluso considerarse como su representación diagramática adecuada, aunque Boole no haya empleado diagramas ni los haya sugerido.

Así, al estilo de la famosa obra de George Boole *The Mathematical Analysis of Logic, Being an Essay Towards a Calculus of Deductive Reasoning* (*Análisis Matemático de la Lógica, un ensayo en pos de un Cálculo del Razonamiento Deductivo*), Venn propone considerar las *clases* generadas por *términos*.

Dados los *términos* X y Y, debemos considerar las cuatro *subclases*: X que es Y, X que no es Y, Y que no es X, y lo que no es X ni Y. Para simplificar escribe $\overline{X}$ en lugar de no-X (es decir X^c, el complemento de X) y obtiene, empleando la operación booleana de producto como la intersección de conjuntos, las cuatro clases: XY, $X\overline{Y}$, $\overline{X}Y$, $\overline{X}\,\overline{Y}$.

Así, a diferencia del plan *euleriano* de representar directamente *proposiciones* o relaciones entre clases, Venn se propone usar sólo *clases* y modificarlas de manera que indiquen lo que dicen las proposiciones.

Subclases	Venn	Hoy día
X que es Y	XY	$X \cap Y$
X que no es Y	$X\overline{Y}$	$X \cap Y^c$
Y que no es X	$\overline{X}Y$	$X^c \cap Y$
No es X ni Y	$\overline{X}\,\overline{Y}$	$X^c \cap Y^c$

Ahora bien, para representar las subclases generadas por dos o más clases de términos, VENN propone trazar figuras sucesivas, digamos círculos, de manera que intersequen una sola vez a las subdivisiones existentes,
formando así un marco general que indique cada combinación producible por las clases de los términos dados. Las ilustraciones en esta sección son las del trabajo citado de VENN.

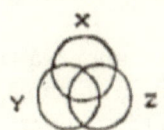
Para los dos términos X y Y, obtuvimos las subclases mencionadas en la tabla anterior. Supongamos que ahora aparece un tercer término Z. Entonces tenemos que subdividir cada una de las cuatro subclases en sus partes correspondientes a Z y $\overline{Z}$. Así, la subclase XY se dividirá en XYZ y XY$\overline{Z}$. Al dividir las cuatro subclases obtendremos ocho subdivisiones. No olvidar que el exterior a todas las figuras es una subdivisión. Las subdivisiones producidas corresponden a una combinación de las letras X, Y, Z y sus *complementos* $\overline{X}$, $\overline{Y}$ y $\overline{Z}$. Es decir, si damos una combinación de tres de estas letras les corresponde una subregión en la figura y viceversa, si señalamos una subregión en la figura le corresponde una precisa combinación de las letras.

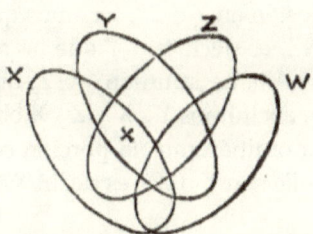

FIGURA 4.8 Diagrama correspondiente a cuatro términos, la región marcada con × representa la combinación "X que está en Y y Z pero no en W", es decir XYZ$\overline{W}$, hoy día X ∩ Y ∩ Z ∩ W^c.

Estos esquemas, sólo representan *términos* o *clases*, son el marco para representar proposiciones. VENN asegura que cualquier proposición universal se puede presentar como una o más *negaciones*. Aceptemos, para comprender la construcción de sus diagramas.

El método para construir un diagrama que represente una proposición es ubicar lo que la proposición *niega* y marcar la partición correspondiente en la figura, la mejor manera será sombrearla, excluyéndola. La parte clara representa la proposición.

Por ejemplo, la proposición "Toda X es Y" se interpreta como que no existen la clase de cosas "X que no es Y", entonces ubicamos la porción correspondiente a X$\overline{Y}$ en la figura y la sombreamos considerándola omitida.

Nótese que la proposición "Toda X es Y" significa que X es un subconjunto de Y, es decir, que $X \subseteq Y$. Eso indica el diagrama, a diferencia del inocente diagrama intuitivo de la Figura 1.3 en la página 11 donde colocamos el conjunto H dentro del conjunto M. Las cosas no son así en los verdaderos diagramas de Venn.

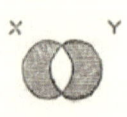 Para representar "Todo X es todo Y" añadimos a la figura anterior otra negación, esto es $\overline{X}Y$ y la sombreamos, obteniendo la figura del lado izquierdo. La parte clara representa la proposición, que en el lenguaje de conjuntos significa X = Y.

Vemos que la disyunción "Toda X es Y o Z" es la negación de "X que no es Y ni Z", que corresponde a la porción X$\overline{Y}\overline{Z}$, misma que sombreamos para omitirla. La parte clara del diagrama muestra las X que son Y o Z, es decir, la parte de X que está contenida en $Y \cup Z$.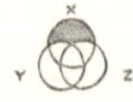

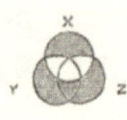 Si restringimos la proposición y queremos "sólo las X que estén en Y o Z", tenemos que omitir las porciones $\overline{X}Y$ y $\overline{X}Z$, es decir las "Y que no son X" y las "Z que no son X". Así, de la unión $Y \cup Z$, que *contiene* a "X que es Y o Z", excluimos $Y \setminus X$ y $Z \setminus X$ obteniendo $X \cap (Y \cup Z)$.

Si ahora de la figura omitiéramos la porción correspondiente a XYZ, tendríamos las "X que *sólo* son Y o Z", es decir, $X \cap (Y \cup Z) \setminus (X \cap Y \cap Z)$.

Euler y Venn

En la subsección anterior vimos las razones de Venn para diferenciar su trabajo de Euler. Aquí comparamos los diagramas de Euler y los de Venn al representar proposiciones y reglas de inferencia.

Para construir un diagrama de Venn vemos que al considerar tres conjuntos, digamos A, B y C, se generan ocho regiones o subclases que forman un marco general donde cada región está asociada a una combinación de las letras A, B, C y sus complementos $\overline{A}$, $\overline{B}$ y $\overline{C}$.

Dentro las subregiones formadas por los tres conjuntos está la región exterior a todos, en la parte derecha de la Figura 4.9 está marcada con R8 y en la parte izquierda vemos la combinación asociada $\overline{A}\,\overline{B},\overline{C}$ que corresponde a la región *que no está en* A *ni en* B *ni en* C.

El orden en que están numeradas las figuras es arbitrario, lo importante es la combinación que representan.

4.3. Diagramas de Euler y de Venn

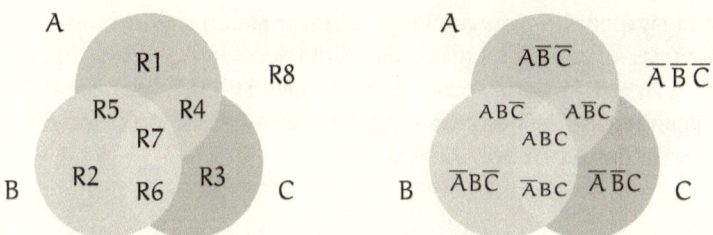

Figura 4.9 A la izquierda las 8 *subclases* generadas por tres conjuntos, A, B y C. A la derecha las combinaciones correspondientes a cada subclase.

Una de las principales característica que diferencian a los diagramas de Venn de los de Euler es la manera de colocar la representación de acuerdo a los elementos que pertenecen a cada conjunto. La manera de Euler es más parecida a los inocentes diagramas intuitivos que usamos: *Si dos conjuntos son ajenos se representan con círculos que no se intersecan.* Según Venn la situación se indica como se ilustra en la parte derecha de la Figura 4.10,

Sean A, B y C los conjuntos

$$A = \{2,6,8\}, \quad B = \{1,2,5\}, \quad C = \{3,9\}.$$

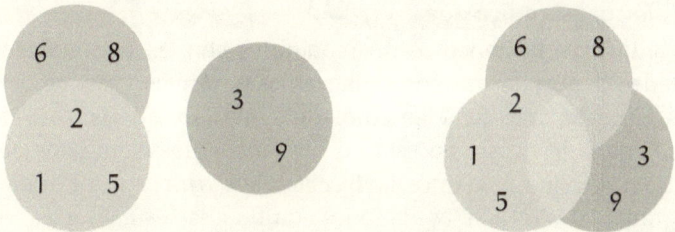

Figura 4.10 A la izquierda los conjuntos, A, B y C representados en un diagrama de Euler. A la derecha en un diagrama de Venn.

Vemos del lado derecho de la figura los tres conjuntos que se intersecan entre sí, definiendo todas las regiones posibles. Se colocan los *elementos* de los conjuntos en la *subclase* que les corresponde, dejando las otras *vacías*. ¡Ahí está el detalle!

En los diagramas de Venn se sombrean las regiones *vacías*.

Tomemos, por ejemplo la intersección A ∩ B, según nuestros *inocentes diagramas intuitivos* (**DiagInt**), de la Figura 1.6 de la página 18. Si la interpretamos como diagramas de Venn tendremos otro resultado.

En la siguiente figura vemos la representación según nuestros *inocentes diagramas intuitivos* (**DiagInt**) de la intersección A ∩ B y de la diferencia simétrica A △ B; la parte sombreada representa a la intersección y a la diferencia simétrica, respectivamente. En la interpretación como diagramas de Venn, la parte sombreada está vacía.

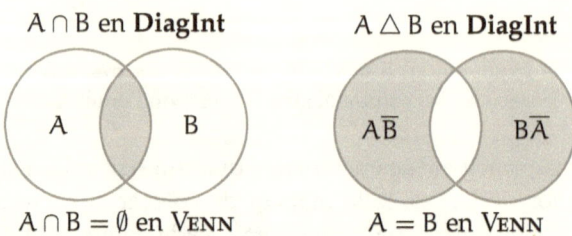

Figura 4.11 Como diagramas de Venn, las partes sombreadas representan regiones vacías.

¡Sorpresa! En la figura de la izquierda está sombreada la región AB. Los inocentes diagramas intuitivos nos dicen que esa región AB es la región que tienen en común los conjuntos A y B, es decir su intersección. Pero los diagramas de Venn nos dicen que esa región AB está vacía, es decir que *no* hay elementos ahí, que no hay elementos que pertenezcan a A *y* a B, lo cual significa que A ∩ B = ∅.

Del lado derecho tenemos dos conjuntos con las regiones A$\overline{\text{B}}$ y $\overline{\text{A}}$B sombreadas. Según los inocentes diagramas intuitivos, esas regiones sombreadas representan a los elementos del conjunto, que en este caso son "los elementos de A que no están en B" *unión* "los elementos de B que no están en A", que llamamos la *diferencia simétrica de* A *y* B. Pero según los diagramas de Venn esas regiones sombreadas están vacías, es decir, *no existen* elementos de A que no estén en B *ni existen* elementos de B que no estén en A, luego A = B.

Veamos ahora las versiones de Euler y de Venn de cuatro tipos de proposiciones: A: Afirmativa universal, E: Negativa universal, I: Afirmativa particular y O: Negativa particular.

A. AFIRMATIVA UNIVERSAL. *Todo* A *es* B. Significa que todo elemento de A es un elemento de B, es decir, que para cada x ∈ A se tiene que x ∈ B. Simbólicamente, x ∈ A ⇒ x ∈ B. Lo anterior asegura que A cumple con la definición de ser subconjunto de B, es decir A ⊆ B. En la Figura 4.12 vemos del lado izquierdo al círculo que representa A formando parte del círculo que representa B, mientras que del lado derecho vemos los círculos que representan a A y a B intersecándose, la región correspondiente a A$\overline{\text{B}}$ está sombreada lo cual significa que no hay elementos de A que *no* pertenezcan a B, luego *todos* pertenecen y ese diagrama representa la contención A ⊆ B.

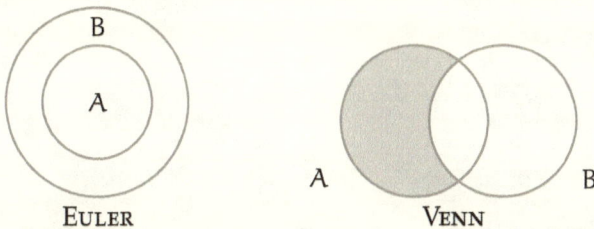

FIGURA 4.12 *Todo* A *es* B. Para toda x ∈ A, x ∈ B. No hay elementos de A que *no* estén en B.

E. NEGATIVA UNIVERSAL. *Ningún* A *es* B. Significa que cualquiera que sea el elemento de A, ese elemento no estará en B. Es decir, para toda (o para cada) x ∈ A se tiene que x ∉ B. Simbólicamente x ∈ A ⇒ x ∉ B. Lo anterior implica que no hay elementos o puntos que están simultáneamente en A y en B, es decir A ∩ B = ∅. En el lado izquierdo de la Figura 4.13 se representa al estilo de EULER, con los círculos que representan a los conjuntos apartados, ajenos, sin intersección. Al lado derecho, al estilo de VENN, los círculos que representan a los conjuntos sí se intersecan pero la parte que corresponde a la región AB está sombreada, lo cual indica que *no hay* elementos de A que pertenezcan a B.

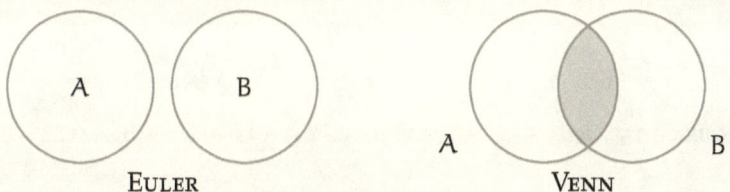

FIGURA 4.13 *Ningún* A *es* B. Para toda x ∈ A, x ∉ B. No hay elementos de A que estén en B, luego A ∩ B = ∅.

I. AFIRMATIVA PARTICULAR. *Algún* A *es* B. Significa que al menos un elemento de A es también elemento de B, es decir que existe x ∈ A tal que x ∈ B, o lo que es equivalente, que A y B tienen puntos en común, lo cual se expresa diciendo que A ∩ B ≠ ∅. Según vimos en la Figura 4.4 de la página 80, en la reproducción de los diagramas empleados por EULER, y vemos en el lado izquierdo de la Figura 4.14, se representan los dos círculos intersecados y se coloca la letra A en la intersección, indicando que ahí hay elementos. Algo similar ocurre con VENN, como suele hacerlo se trazan intersecándose los círculos que representan a A y a B, ahora se coloca una marca ✢ en la región AB para indicar que esa región *no está vacía*, es decir, que hay elementos de A que están en B.

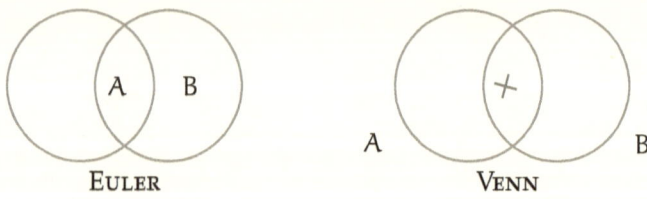

Euler   Venn

Figura 4.14 *Algún A es B.* Existe $x \in A$ tal que $x \in B$. $A \cap B \neq \emptyset$.

O. Negativa particular. *Algún A no está en B.* Significa que hay al menos un elemento de A que no está en B, es decir existe $x \in A$ tal que $x \notin B$, lo cual implica que $x \in B^c$; escribimos simbólicamente $\exists x \in A \mid x \in B^c$, que equivale a decir que $A \cap B^c \neq \emptyset$. Del lado izquierdo de la Figura 4.15 Vemos los círculos intersecados que representan a los conjuntos A y B, en la parte de A que no está en B se coloca una letra A para indicar que hay elementos de A fuera de B. De manera similar, del lado derecho están los círculos intersecados y una marca ✢ en la región $A\overline{B}$ indica que *no está vacía*, es decir *hay* elementos de A que no están en B.

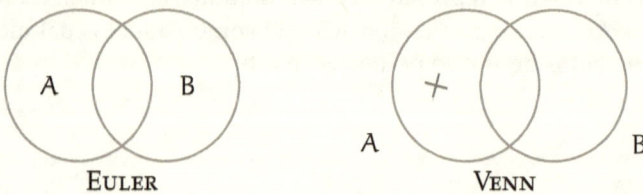

Euler   Venn

Figura 4.15 *Algún A no está en B.* Existe $x \in A$ tal que $x \notin B$. $A \cap B^c \neq \emptyset$.

Problema 4.5

Sean A y B dos conjuntos. Ilustra con un diagrama de Venn que $A \subset B$.

Continuamos la comparación entre los diagramas de Euler y de Venn, veamos ahora cómo ilustran algunas inferencias lógicas. Veamos algunos *silogismos*,

AAA. Bárbara o *la regla de la cadena. Todo S es P, todo M es S; luego todo M es P.* En el lenguaje de conjuntos, si $S \subseteq P$ y $M \subseteq S$, entonces $M \subseteq P$; se refiere a la *transitividad* de la contención de conjuntos que enunciamos en el inciso (ii) de la Propiedad 1.4 e ilustramos con nuestros inocentes diagramas intuitivos en la Figura 1.5 de la página 15, el diagrama de Euler es similar; de hecho nuestros inocentes diagramas intuitivos se parecen a los de Euler. Para el diagrama de Venn correspondiente al silogismo **AAA** trazamos tres círculos que se intersecan, correspondientes a los *términos* —el conjunto S del *sujeto* o término menor, el conjunto P del *predicado* o término mayor y el conjunto M del término *medio*— y nos fijamos en las regiones o subclases generadas. La primera premisa: *Todo S es P* indica que la región S$\bar{P}$ está *vacía*, misma que está formada por las subregiones S$\overline{M}\bar{P}$ y SM$\bar{P}$ que irán sombreadas. La segunda premisa: *Todo M es S* indica que la región $\bar{S}$M está *vacía*, está formada por las subregiones $\bar{S}$M$\bar{P}$ y $\bar{S}$MP que también irán sombreadas. En el diagrama trazado podemos ubicar las relación entre M y P, a saber *Todo M es P*.

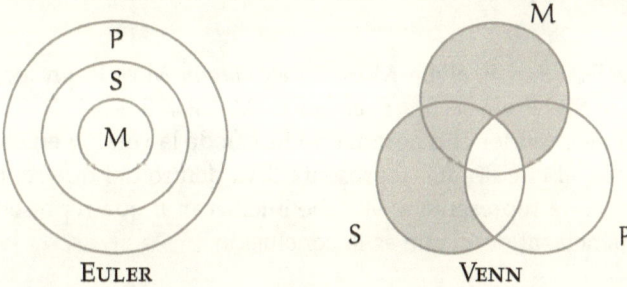

FIGURA 4.16 Todo S es P, todo M es S; luego todo M es P.

EAE. CELARENT. *Ningún S es P, todo M es S; luego ningún M es P.* En lenguaje de conjuntos, Si $S \cap P = \emptyset$ y $M \subseteq S$, entonces $M \cap P = \emptyset$. Como los diagramas de EULER y nuestros inocentes diagramas intuitivos son muy parecidos, vemos la interpretación en el lenguaje de conjuntos, S y P son ajenos, se representan con círculos que no se intersecan, el círculo que representa a M está dentro de S. En el diagrama de la Figura 4.17 se aprecia que M y P son ajenos y en la nota a pie de página[1] está la demostración. Para construir el diagrama de VENN de la forma **EAE** trazamos los tres círculos con las regiones generadas. La primera premisa *Ningún S es P* nos indica que S y P no tienen elementos en común luego la región SP, formada por las subregiones S$\overline{M}$P y SMP, va sombreada. La segunda premisa: *Todo M es S* indica que la región S$\overline{M}$, formada por las subregiones $\bar{S}$M$\bar{P}$ y $\bar{S}$MP, también va sombreada, pues no hay M fuera de S. Al examinar, en la Figura 4.17 de la página 90, el diagrama de VENN construido vemos la relación entre M y P; la única región de M sin sombrear en el diagrama es SM$\bar{P}$, es decir, ningún M es P.

---

[1] Si $M \cap P \neq \emptyset$ entonces $\exists x \in M \cap P$ es decir, existe $x \in M$ y $x \in P$. Como $M \subseteq S$ entonces $x \in M \Rightarrow x \in S$; es decir $x \in S$ y $x \in P$ contradiciendo que $S \cap P = \emptyset$. Luego $M \cap P = \emptyset$. ☺

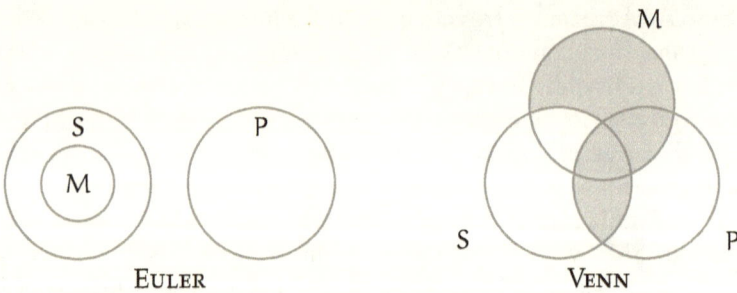

Figura 4.17 Ningún S es P, todo M es S; luego ningún M es P.

AII. DARII. *Todo S es P, algún M es S; luego algún M es P.* En lenguaje de conjuntos, si $S \subseteq P$ y $M \cap S \neq \emptyset$, entonces $M \cap P \neq \emptyset$.

Es fácil desprender el diagrama de EULER de la versión en el lenguaje de conjuntos, el círculo que representa S va dentro del que representa a P. El círculo que representa a M debe intersecar al que representa a S y, en consecuencia, al de P, que es la conclusión.

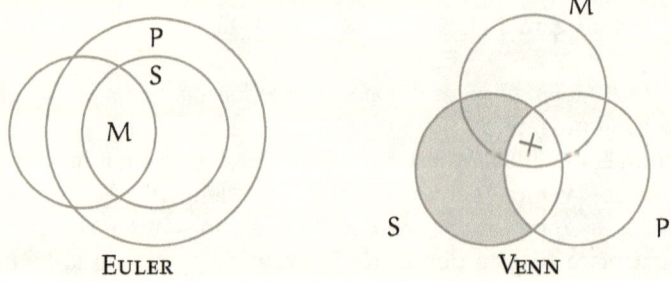

Figura 4.18 Todo S es P, algún M es S; luego algún M es P.

Para construir el diagrama de VENN de la forma **AII** trazamos los tres círculos, se intersecan generando subregiones. La primera premisa *Todo S es P* indica que la región $S\overline{P}$, formada por las subregiones $SM\overline{P}$ y $S\overline{M}\overline{P}$, va sombreada. La segunda premisa *Algún M es S* indica que la región SM no está vacía, hay ahí algún elemento. Pero la región SM consta de las subregiones $SM\overline{P}$ y SMP, la primera subregión ya está sombreada por la primera premisa, queda la segunda; para indicar que esa región no es vacía, que hay algún elemento, se coloca una marca $+$.

En el diagrama construido vemos la relación entre M y P, en la región SMP hay una marca, luego algún M es P.

EIO. FERIO. *Ningún S es P, algún M es S; luego algún M no es P.* En lenguaje de conjuntos, si $S \cap P = \emptyset$ y $M \cap S \neq \emptyset$, entonces $M \cap P^c \neq \emptyset$.

4.3. Diagramas de Euler y de Venn

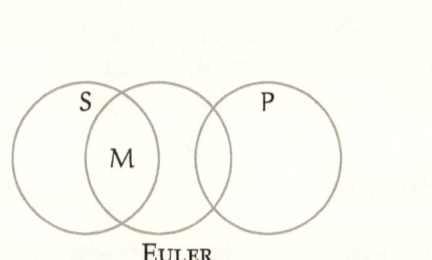 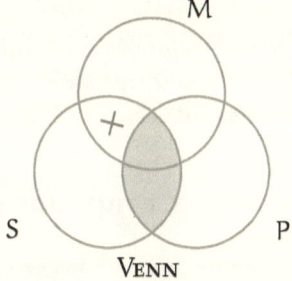

Figura 4.19 Ningún S es P, algún M es S; luego algún M no es P.

De la interpretación en el lenguaje de conjuntos es fácil obtener el diagrama de Euler, los círculos correspondientes a S y a P se colocan separados pues su intersección es vacía. El círculo de M ha de intersecar a S pues su intersección es no-vacía. En la figura se aprecia, y en la nota a pie de página[2] se demuestra, que hay puntos de M que no están en P.

Para construir el diagrama de Venn trazamos tres círculos que se intersecan y consideramos todas las subregiones. La primera premisa *Ningún S es P* indica que S y P no tienen elementos comunes, es decir que la región SP, formada por las subregiones SMP y S$\overline{\text{M}}$P, va sombreada. La segunda premisa *Algún M es S* indica que hay elementos en la región SM, pero ésta consta de las subregiones SMP y SM$\overline{\text{P}}$; la primera quedó sombreada por la primera premisa, queda SM$\overline{\text{P}}$, ahí debe haber elementos y para indicarlo se coloca una marca ┼.

En el diagrama construido vemos la relación entre M y P, la marca ┼ en la subregión SM$\overline{\text{P}}$ indica que algunos M no son P.

Problema 4.6

Traduce al lenguaje de conjuntos y construye los diagramas de Euler y de Venn de la forma **EAE-2**. cesare. *Ningún P es M, todo S es M; luego ningún S es P.*

Problema 4.7

Traduce al lenguaje de conjuntos y construye los diagramas de Euler y de Venn de la forma **AEE**. camestre. *Todo P es M, ningún S es M; luego ningún S es P.*

---

[2] Si $S \cap P = \emptyset$ y $M \cap S \neq \emptyset$, sea $x \in M \cap S$, como $x \in S$ entonces $x \notin P$, así $x \in M$ y $x \in P^c$, es decir $M \cap P^c \neq \emptyset$. ☺

PROBLEMA 4.8

Traduce al lenguaje de conjuntos y construye los diagramas de EULER y de VENN de la forma EIO-2. FESTINO. *Ningún P es M, algún S es M; luego algún S no es P.*

4.4. Lógica, conjuntos y diagramas

Según hemos visto en las secciones anteriores, nuestros inocentes diagramas intuitivos son muy parecidos a los de EULER en el sentido de que sombreamos en el diagrama la parte que corresponde a la descripción de un conjunto y son los que se usan en el ámbito de los conjuntos.

- En el ámbito de los **conjuntos** se usan los diagramas de EULER.

- En el ámbito de la **lógica** se usan los diagramas de VENN.

Usaremos ambos tipos de diagramas para analizar la validez de argumentaciones lógicas. Dada una argumentación en lenguaje cotidiano la expresaremos en lenguaje de conjuntos y proposiciones y analizaremos su diagrama para orientarnos acerca de su validez.

EJEMPLO 4.10. Analiza el argumento *Todos los tacos son sabrosos, las frutas no son tacos; luego las frutas no son sabrosas.*

SOLUCIÓN. Hacemos

P = Conjunto de las cosas sabrosas,
M = Conjunto de los tacos,
S = Conjunto de las frutas.

El argumento tiene la forma:

Todo M es P, ningún S es M; luego ningún S es P.

En lenguaje de conjuntos:

Si $M \subseteq P$ y $S \cap M = \emptyset$, entonces $S \cap P = \emptyset$.

Sospechamos que el argumento no es válido, debemos exhibir un contraejemplo o exhibirlo en un diagrama.

El contraejemplo puede ser en el mismo contexto que el argumento: *una piña madura es una fruta y es sabrosa.* O en la afirmación en el lenguaje de conjuntos, es decir, presentar conjuntos P, M y S que cumplan la hipótesis pero no la conclusión. Digamos los conjuntos

$$P = \{c, d, e, f\},$$
$$M = \{c, e, f\},$$
$$S = \{a, b, d\}.$$

cumplen la hipótesis pues $M \subseteq P$ y $S \cap M = \emptyset$, sin embargo no se cumple la conclusión pues $S \cap P = \{d\} \neq \emptyset$.

En el caso del diagrama de EULER tenemos al círculo que representa a M dentro del que representa a P; para completar la hipótesis hay que trazar un círculo que *no* interseque a M, como en la figura. Pero ese círculo no está obligado a ser ajeno a P

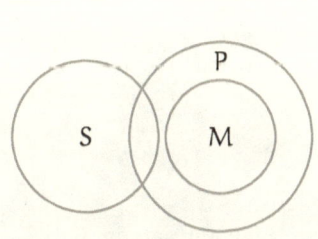

No es cierto que $S \cap P = \emptyset$

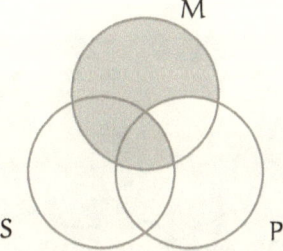

No está sombreada $S\overline{P}$

FIGURA 4.20 Todo M es P, ningún S es M; ¿luego ningún S es P?

En el caso del diagrama de VENN resultante no queda sombreada la región $S\overline{P}$ que nos indicaría que *ningún* S *es* P.

Concluimos que el razonamiento *no* es válido. ☺

EJEMPLO 4.11. Analiza el siguiente razonamiento: *Hay deportistas que no son amables, algunas maestras de matemáticas son deportistas; luego algunas maestras de matemáticas no son amables.*

SOLUCIÓN. Hacemos

P = Conjunto de las personas amables,
M = Conjunto de deportistas,
S = Conjunto de maestras de matemáticas.

El argumento tiene la forma

Algún M *no es* P, *algunas* S *son* M; *luego algunas* S *no son* P.

En lenguaje de conjuntos se expresa como

Si $M \cap P^c \neq \emptyset$ y $S \cap M \neq \emptyset$, entonces $S \cap P^c \neq \emptyset$.

4. Lógica y conjuntos

Cuando empleamos el lenguaje de los conjuntos nos parece natural usar los diagramas de EULER. Tratamos de construir un diagrama con las hipótesis y ver si la conclusión se manifiesta o si es posible que el diagrama cumpla las hipótesis y no se cumpla la conclusión.

Si logramos construir un diagrama de EULER que satisfaga la hipótesis y la conclusión *no* significa que el razonamiento sea válido pues no sabemos si el diagrama construido es la única variante posible (en general no lo es).

Si logramos construir un diagrama de EULER que satisfaga las hipótesis y *no* cumpla la conclusión, significa que el razonamiento *no* es válido pues ese diagrama constituye un *contraejemplo*.

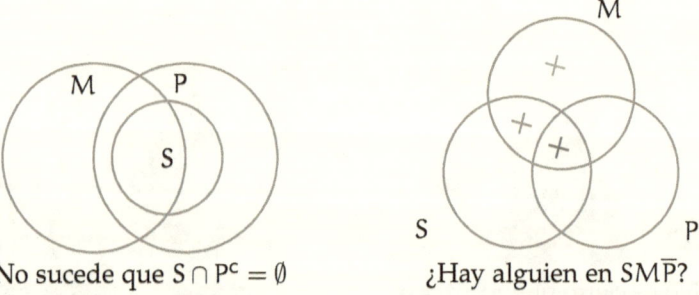

No sucede que $S \cap P^c = \emptyset$ ¿Hay alguien en $SM\overline{P}$?

FIGURA 4.21 Algún M no es P, algunas S son M; ¿luego algunas S no son P?

En este caso la hipótesis pide que $M \cap P^c \neq \emptyset$ y $S \cap M \neq \emptyset$, en la figura hemos construido un diagrama que cumple las hipótesis pero no es cierto que $S \cap P^c \neq \emptyset$.

En el diagrama de VENN vemos que la región $M\overline{P}$ no está vacía y tampoco está vacía la región SM, formada por SMP y $SM\overline{P}$, pero nada nos indica que haya alguien en $SM\overline{P}$.

Concluimos que el razonamiento *no* es válido.   ☺

EJEMPLO 4.12. Analiza el siguiente razonamiento: *Hay fines de primavera en que llueve, cuando llueve hay que cubrirse; luego algunas veces que hay que cubrirse es fin de primavera.*

SOLUCIÓN. Hacemos

   P = Los fines de primavera,

   M = Ocasiones en que llueve,

   S = Ocasiones en que hay que cubrirse.

El argumento tiene la forma

   Algunos P son M, todo M es S; luego algunos S son P.

4.4. Lógica, conjuntos y diagramas

En lenguaje de conjuntos se expresa como

$$P \cap M \neq \emptyset, \ M \subseteq S \Rightarrow S \cap P \neq \emptyset,$$

que puede demostrarse. Sea $x \in P \cap M$, entonces $x \in P$ y $x \in M$, pero $x \in S$, luego $x \in P$ y $x \in S$, es decir $x \in P \cap S$, con lo cual queda demostrado.

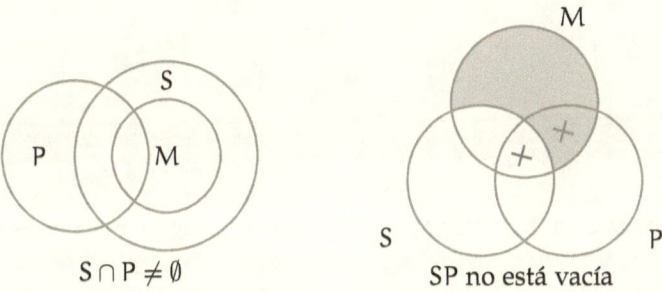

Figura 4.22 Algunos P son M, todo M es S; luego algunos S son P

En la figura vemos que si M es subconjunto de S y P interseca a M, necesariamente interseca a S.

En el diagrama de Venn, como *todo* M *es* S, se restringe a la región SMP la existencia de P *que son* M y entonces la región SP no está vacía, es decir, *algunos* S *son* P.

Concluimos que el razonamiento *es* válido. ☺

Ejemplo 4.13. Analiza el siguiente razonamiento: *Las personas a bordo fueron revisados, hay pasajeros que no fueron revisados; luego hay pasajeros que no están a bordo.*

Solución. Hacemos

$$P = \text{Personas a bordo,}$$
$$M = \text{Personas revisadas,}$$
$$S = \text{Pasajeros.}$$

El argumento tiene la forma

Todo P es M, algún S no es M; luego algún S no es P.

En lenguaje de conjuntos se expresa como

$$P \subseteq M \text{ y } S \cap M^c \neq \emptyset \Rightarrow S \cap P^c \neq \emptyset.$$

Para demostrarlo, sea $x \in S \cap M^c$ entonces $x \in S$ y $x \in M^c$, es decir $x \notin M$, como $P \subseteq M$ se tiene que $x \notin P$, luego $x \in P^c$; es decir $x \in S$ y

$x \in P^c$, por lo tanto $S \cap P^c \neq \emptyset$ con lo cual queda demostrado. Esto basta para concluir que el razonamiento es válido.

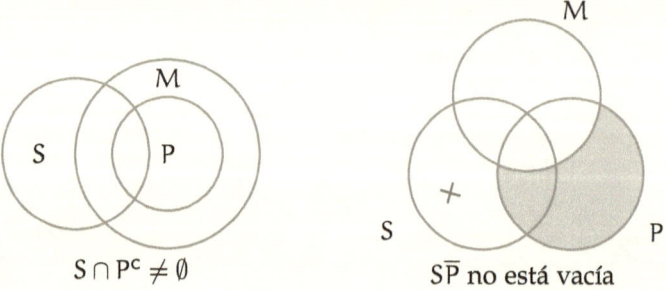

Figura 4.23 Todo P es M, algún S no es M; luego algún S no es P

Para el diagrama de EULER trazamos el círculo P dentro del M y trazamos S de manera que interseque al complemento de M, al estar P contenido en M, el círculo S deberá intersecar al complemento de P.

En el diagrama de VENN observamos que *las S que no son M* están en la región $S\overline{P}$ confirmando que *algún S no es P*.

Concluimos que el razonamiento *es* válido. ☺

EJEMPLO 4.14. Analiza el siguiente razonamiento: *Algunos asistentes a la feria subieron a la Montaña Rusa, todos los alumnos de primero de secundaria fueron a la feria, luego algunos alumnos de primero de secundaria subieron a la Montaña Rusa.*

SOLUCIÓN. Hacemos

P = Personas que subieron a la Montaña Rusa,

M = Asistentes a la feria,

S = Alumnos de primero de secundaria.

El argumento tiene la forma

Algunos M son P, todos S son M; luego algunos S son P.

En lenguaje de conjuntos se expresa como

$$M \cap P \neq \emptyset, S \subseteq M \Rightarrow S \cap P \neq \emptyset.$$

Nota que si M interseca a P y S es un subconjunto de $M \setminus P$, se cumplen las hipótesis pero no la conclusión, como puedes apreciar en el lado izquierdo de la Figura 4.24. Hemos exhibido un contraejemplo y demostrado que el argumento *no* es válido.

4.4. Lógica, conjuntos y diagramas

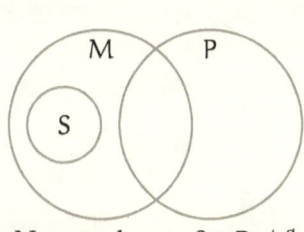
No sucede que $S \cap P \neq \emptyset$

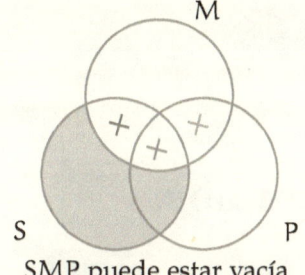
SMP puede estar vacía

Figura 4.24 Algunos M son P, todos S son M; ¿luego algunos S son P?

En el diagrama de Venn del lado derecho se aprecian que *todo S es M*, se divide entre lo que está en P y lo que no. Puede suceder, y así lo construimos en el diagrama de la izquierda, que *todo S no esté en P*.

Bastó exhibir un contraejemplo con el lenguaje de los conjuntos para concluir que este razonamiento *no* es válido. ☺

Actividad 4.1. Las cartas de la princesa. Forma un grupo de personas y que cada una escoja un Modo de alguna de las cinco Figuras de la Carta cvi, en las páginas 136–138 del segundo tomo de *Lettres à une princesse d'Allemagne sur divers sujets de physique et de philosophie* de Leonhard Euler[3], construya el diagrama de Euler y el de Venn y los explique al grupo. Construye un razonamiento con ese Modo.

Problema 4.9

Obtén la conclusión válida. *Ningún P es M, todo S es M*.

Problema 4.10

Algún P es M, todo M es S Obtén la conclusión válida. *Algún P es M, todo M es S*.

---

[3] Disponible en http://www.e-rara.ch/doi/10.3931/e-rara-8642

Capítulo 5

Relaciones

En este capítulo estudiaremos cómo establecer relaciones entre elementos de conjuntos por medio del *producto cartesiano*. Veremos las *relaciones de equivalencia* y cómo generan *particiones* en un conjunto.

5.1. Producto cartesiano

En la moderna definición de *función* es fundamental el producto cartesiano, llamado así en honor de RENÉ DESCARTES.

DEFINICIÓN 5.1. PAREJA ORDENADA. La *pareja ordenada* (a, b) es el conjunto
$$(a, b) = \{\{a\}, \{a, b\}\}.$$

Vemos que los conjuntos $(a, b) = \{\{a\}, \{a, b\}\}$ y $(b, a) = \{\{b\}, \{a, b\}\}$ son diferentes. Noten que $\{a\} \in (a, b)$ pero $\{a\} \notin (b, a)$, asimismo que $\{b\} \in (b, a)$ pero $\{b\} \notin (a, b)$, hemos verificado que $(a, b) \neq (b, a)$.

En una pareja ordenada cuenta, a diferencia de un conjunto con dos elementos, quién es el primer elemento y quién es el segundo.

DEFINICIÓN 5.2. PRODUCTO CARTESIANO. Sean A y B dos conjuntos, el *producto cartesiano* $A \times B$ es el conjunto de parejas ordenadas (a, b) tales que $a \in A$ y $b \in B$, es decir:
$$A \times B = \{(a, b) \mid a \in A \ y \ b \in B\}.$$

EJEMPLO 5.1. Si $A = \{1, 3, 5\}$ y $B = \{r, s\}$, entonces
$$A \times B = \{(1, r), (1, s), (3, r), (3, s), (5, r), (5, s)\}.$$

Las parejas están ordenadas, hay un primer elemento y un segundo elemento; son diferentes las parejas $(1, r)$ y $(r, 1)$, lo cual implica que no es

5.1. Producto cartesiano

lo mismo, en general, A × B que B × A. En este caso,

$$B \times A = \{(r,1),(r,3),(r,5),(s,1),(s,3),(s,5)\}.$$ ☺

RENÉ DESCARTES nació el 31 de marzo de 1596 en La Haya, (hoy La Haya-Descartes) y murió el 11 de febrero de 1650. Verdaderas sólo ideas tan claras y precisas que no causen dudas, con el modelo matemático de razonamiento, por medio de pasos lógicos y sencillos, descubrir nuevas verdades KATZ, *A History of Mathematics*, p. 478. "*Cogito ergo sum*", "Pienso, luego existo".

ACTIVIDAD 5.1. Considera dos conjuntos, uno de cuatro fechas y otro de seis sucesos; describe el producto cartesiano de esos dos conjuntos. Después considera el subconjunto del producto cartesiano formado por las parejas (fecha, suceso) tales que el suceso haya ocurrido en la fecha.

PROPIEDAD. 5.1. *El producto cartesiano de dos conjuntos A y B es vacío si, y sólo si, A es vacío o B es vacío, es decir,*

$$A \times B = \emptyset \Leftrightarrow A = \emptyset \; o \; B = \emptyset.$$

DEMOSTRACIÓN. Vamos a demostrar la proposición equivalente:

$$A \times B \neq \emptyset \Leftrightarrow A \neq \emptyset \; y \; B \neq \emptyset.$$

i) Supongamos que $A \times B \neq \emptyset$, entonces existe $(a,b) \in A \times B$ con la propiedad de que $a \in A$ y $b \in B$, luego A y B no son vacíos.

ii) Si A y B no son vacíos, entonces existen elementos $a \in A$ y $b \in B$, por lo tanto la pareja (a,b) está en $A \times B$ y $A \times B \neq \emptyset$. ☺

PROPIEDAD. 5.2. *Si $A \subseteq X$ y $B \subseteq Y$, entonces $A \times B \subseteq X \times Y$*

DEMOSTRACIÓN. Sea $(a,b) \in A \times B$, luego $a \in A$ y $b \in B$; como $A \subseteq X$ y $B \subseteq Y$, $a \in X$ y $b \in Y$, es decir $(a,b) \in X \times Y$. ☺

TEOREMA 5.1. *El producto cartesiano distribuye a las operaciones de intersección, unión y diferencia. Es decir*

1. $A \times (B \cap C) = (A \times B) \cap (A \times C)$,
2. $A \times (B \cup C) = (A \times B) \cup (A \times C)$,
3. $A \times (B \setminus C) = (A \times B) \setminus (A \times C)$.

DEMOSTRACIÓN. Para demostrar la primera propiedad sea

$$(x,y) \in A \times (B \cap C)$$
$$\Leftrightarrow x \in A \text{ y } y \in (B \cap C)$$
$$\Leftrightarrow x \in A, \text{ y } y \in B \text{ y } y \in C$$
$$\Leftrightarrow (x,y) \in A \times B \text{ y } (x,y) \in A \times C$$
$$\Leftrightarrow (x,y) \in (A \times B) \cap (A \times C).$$

Las otras dos propiedades se demuestran de manera análoga. ☺

El producto cartesiano combinado con las operaciones entre conjuntos cumple con varias propiedades, enunciamos algunas.

PROPIEDAD. 5.3. *Si* $A \subseteq X$, $C \subseteq X$, $B \subset Y$ *y* $D \subset Y$, *entonces*

1. $(A \times B) \cap (C \times D) = (A \cap C) \times (B \cap D)$,

2. $(A \times B) \cup (C \times D) \subseteq (A \cup C) \times (B \cup D)$.

3. $(X \times Y) \setminus (A \times B) = ((X \setminus A) \times Y) \cup (X \times (Y \setminus B))$.

DEMOSTRACIÓN. Para la primera propiedad, sea

$$(x,y) \in (A \times B) \cap (C \times D)$$
$$\Leftrightarrow (x,y) \in A \times B \text{ y } (x,y) \in C \times D$$
$$\Leftrightarrow x \in A \text{ y } y \in B, \text{ y } x \in C \text{ y } y \in D$$
$$\Leftrightarrow x \in A \text{ y } x \in C, \text{ y } y \in B \text{ y } y \in D$$
$$\Leftrightarrow x \in A \cap C \text{ y } y \in B \cap D$$
$$\Leftrightarrow (x,y) \in (A \cap C) \times (B \cap D).$$

Las otras se demuestran de manera análoga. ☺

EJERCICIOS 5.1.

1. Di qué parejas de conjuntos son iguales:

   i) $\{\{a\},\{a,b\}\}$ y $\{\{b,a\},\{a\}\}$.

   ii) $\{\{b\},\{a,b\}\}$ y $\{\{a,b\},\{a\}\}$.

   iii) $\{\{a\},\{a,b\}\}$ y $\{\{a,b\},\{a\}\}$.

2. Sean $A = \{1,2,3,4\}$ y B el conjunto de **vocales** en la palabra '*apache*', encuentra el conjunto $A \times B$.

3. ¿Es cierto, en general, que $A \times B = B \times A$? Da varios ejemplos.

4. Sean $X = \{2,3,5,8\}$ y $Y = \{a,e,f,p\}$.

   i) Halla $X \times Y$ y $Y \times X$.

   ii) Exhibe un subconjunto de $X \times Y$ tal que no se repitan los primeros elementos de las parejas, y uno de $Y \times X$ tal que los primeros elementos sean los segundos elementos del anterior.

PROBLEMA 5.1

Demuestra que si $A \times B \neq \emptyset$ entonces

$$A \times B \subseteq C \times D \Leftrightarrow A \subseteq C \text{ y } B \subseteq D.$$

PROBLEMA 5.2

Demuestra las propiedades 2 y 3 del Teorema 5.1.

PROBLEMA 5.3

Demuestra el inciso 2 de la Propiedad 5.3 y exhibe un contraejemplo para la igualdad.

PROBLEMA 5.4

Demuestra el inciso 3 de la Propiedad 5.3.

5.2. Relaciones

DEFINICIÓN 5.3. RELACIÓN. Sea A un conjunto. Una *relación* R entre elementos de A es un subconjunto del producto cartesiano $A \times A$. Si la pareja $(a, b) \in R$, decimos que a está *relacionado* con b, o a está en *relación* con b, y escribimos

$$a \, R \, b.$$

En el caso de que la pareja $(c, d) \notin R$, decimos que c no está relacionado con d usamos el símbolo $\not R$ y escribimos $c \not R d$.

Se puede definir una relación entre elementos de diferentes conjuntos.

DEFINICIÓN 5.4. RELACIÓN (DOS CONJUNTOS). Sean A y B conjuntos diferentes del vacío, una relación R de elementos de A con elementos de B es un subconjunto del producto cartesiano $A \times B$.

Una manera de ilustrar una relación es con un arreglo, asignando columnas y renglones a cada elemento del conjunto y colocando 1 en los cruces donde los elementos están relacionados.

Ejemplo 5.2. Formemos el conjunto E con las letras de la palabra *arco*. La letra x está relacionada con la letra y si x aparece antes que y en la palabra. Hagamos un arreglo, colocamos en los renglones la primera letra de la pareja y en las columnas la segunda.

	a	r	c	o
a	0	1	1	1
r	0	0	1	1
c	0	0	0	1
o	0	0	0	0

Vemos que la pareja (a, r) está en la relación, mientras que la pareja (r, a) no lo está. Las parejas son (renglón, columna), si una pareja está en la relación, en su lugar se coloca 1, de no ser así se coloca 0. Las parejas (r, a), (c, o), (o, r) no están en la relación. ☺

Ejemplo 5.3. Sea el conjunto L de las letras de la palabra *atajo*. Definimos la relación C entre los elementos de L como x está en relación con y si x es una letra contigua a y en la palabra. Hagamos un arreglo

	a	t	j	o
a	0	1	1	0
t	1	0	0	0
j	1	0	0	1
o	0	0	1	0

Aquí cada vez que una pareja (x, y) está en la relación, sucede que también está (y, x). Este tipo de relaciones se llama *simétrica*. ☺

Ejemplo 5.4. Si A es un conjunto, la relación de *igualdad*, también llamada la *diagonal* de $A \times A$, la denotamos con la letra *delta* mayúscula Δ,

$$\Delta = \{(a, a) \mid a \in A\}.$$

Sea $A = \{p, q, r, s\}$, hagamos un arreglo para la relación de igualdad,

	p	q	r	s
p	1	0	0	0
q	0	1	0	0
r	0	0	1	0
s	0	0	0	1

Las parejas de la forma (x, x) están relacionadas y tienen 1 en su lugar, eso sucede sólo en la *diagonal* del arreglo. Cuando cada elemento está en relación consigo mismo, la relación se llama *reflexiva*. ☺

Ejemplo 5.5. Sea $D = \{r, s, t, u\}$, el conjunto $R = \{(r, u), (s, r), (s, t), (t, t)\}$ es una relación entre elementos de D. En efecto, pues $R \subseteq D \times D$. Vemos que r R u, s R r, s R t y t R t.

	r	s	t	u
r	0	0	0	1
s	1	0	1	0
t	0	0	1	0
u	0	0	0	0

Hay parejas que no están relacionadas, como (r, r), (r, s), (r, t) y otras que no pertenecen a R. Aunque r R u no sucede que u R r. ☺

Ejemplo 5.6. Sea el conjunto P de países del continente americano, la relación $\mathcal{F}$ entre elementos de P es $(a, b) \in \mathcal{F}$ si a comparte frontera con b, como (Costa Rica, Nicaragua) $\in \mathcal{F}$. ☺

Definición 5.5. Sea R una relación en el conjunto A. La relación R es

1. *Reflexiva.* Si a R a, para toda $a \in A$.

2. *Simétrica.* Si a R b entonces b R a.

3. *Antisimétrica.* Si a R b y b R a entonces $a = b$.

4. *Transitiva.* Si a R b y b R c, entonces a R c.

Actividad 5.2. Considera las personas de tu grupo escolar, llama C al conjunto. Define la relación $\mathcal{A}$ entre los elementos de C como $(a, b) \in \mathcal{A}$ si a *es amiga(o) de* b. ¿Qué propiedades cumple de la definición anterior?

Usamos el concepto de relación para definir estructuras de *orden* en un conjunto, en primer lugar un *orden parcial*.

Definición 5.6. Orden parcial. Un **orden parcial** en un conjunto A es una relación *reflexiva, antisimétrica y transitiva*. Denotamos con $\preccurlyeq$ a la relación, se escribe $a \preccurlyeq b$ y se dice que a *precede a* b.

Ejemplo 5.7. La *contención* $\subseteq$ entre conjuntos de la Definición 1.4 de la página 9 es un *orden parcial* en la familia de los subconjuntos de un conjunto determinado. Sea X un conjunto diferente del vacío y 2^X la familia de los subconjuntos de X. Es decir $A \in 2^X$ significa que $A \subseteq X$.

- La contención entre conjuntos es *reflexiva* pues $A \subseteq A$, para toda $A \in 2^X$ (inciso (i) de la Propiedad 1.4, página 14).

- La contención es *antisimétrica* pues

$$A \subseteq B \text{ y } B \subseteq A \Rightarrow A = B,$$

según la Definición 1.7 de la página 15.

- La contención es *transitiva* pues

$$A \subseteq B \text{ y } B \subseteq C \Rightarrow A \subseteq C,$$

según el inciso (ii) de la Propiedad 1.4, página 14.

Así, la contención $\subseteq$ definida en 2^X por medio de

$$A \subseteq B \quad \text{si} \quad x \in A \Rightarrow x \in B,$$

para A y B subconjuntos de X, es un *orden parcial*. ☺

Definición 5.7. CONJUNTO PARCIALMENTE ORDENADO. Un conjunto C en donde está definido un orden parcial $\preccurlyeq$ se llama un *conjunto parcialmente ordenado*, se abrevia COPO y se denota con $\{C, \preccurlyeq\}$.

Ejemplo 5.8. La familia de subconjuntos de X junto con la contención es el conjunto parcialmente ordenado $\{2^X, \subseteq\}$. ☺

En una relación de orden parcial suele haber parejas de elementos no comparables; en el caso de 2^X, cualquier par de conjuntos ajenos no están relacionados mediante la contención.

Ejemplo 5.9. Sea $C = \{a, b, c\}$, la pareja $\{2^C, \subseteq\}$ es un conjunto parcialmente ordenado (COPO). Ilustramos con un diagrama de HASSE,

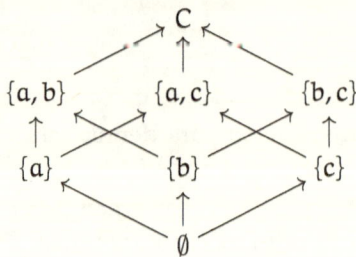

FIGURA 5.1 La dirección de las flechas indican el orden de precedencia, por ejemplo $\{c\} \subseteq \{a, c\}$. ☺

HELMUT HASSE nació el 25 de agosto de 1898 en Kassel, Prusia y murió el 26 de diciembre de 1979 en Ahrensburg, Alemania Oriental. Usó de manera efectiva los diagramas que hoy llevan su nombre para ilustrar gráficamente conjuntos parcialmente ordenados.

Definición 5.8. Orden total. Un ***orden total*** en un conjunto A es una relación *reflexiva, antisimétrica* y *transitiva* en donde cualesquiera dos elementos son *comparables*. Se denota con $\leqslant$, se escribe $a \leqslant b$ y se lee *a precede a b*.

En la definición de *orden total* se pide, además de las condiciones para orden parcial, que cualesquiera par de elementos se pueda comparar, es decir, si $x, y \in A$, entonces $x \leqslant y$ o $y \leqslant x$.

Ejemplo 5.10. Sea $\mathbb{N}$ el conjunto de números naturales del Ejemplo 1.13 de la página 10, si a y b son dos números naturales, definimos la relación $a \leqslant b$ si *a es menor o igual que* b.

- La relación *menor o igual que* es *reflexiva* pues para cualquier número natural n, $n \leqslant n$.

- La relación *menor o igual que* es *antisimétrica* pues
$$a \leqslant b \text{ y } b \leqslant a \Rightarrow a = b.$$

- La relación *menor o igual que* es *transitiva* pues
$$a \leqslant b \text{ y } b \leqslant c \Rightarrow a \leqslant c.$$

- Finalmente, dados dos números naturales cualesquiera a y b, se tiene que a es menor o igual que b o que b es menor o igual que a.

Así, la relación $\leqslant$ definida en $\mathbb{N}$ por medio de
$$a \leqslant b \quad \text{si } a \text{ es menor o igual que } b,$$
para números naturales a y b, es un *orden total*. ☺

Definición 5.9. Conjunto totalmente ordenado. Un conjunto C en donde está definido un orden total $\leqslant$ se llama un ***conjunto totalmente ordenado***, se abrevia coto y se denota con $\{C, \leqslant\}$.

Ejemplo 5.11. El conjunto $\mathbb{N}$ de los números naturales junto con la relación *menor o igual que* $\leqslant$, es un conjunto totalmente ordenado (coto), $\{\mathbb{N}, \leqslant\}$. ☺

En un conjunto totalmente ordenado (coto), todos los elementos son comparables, así, se pueden ver como una fila.

Ejemplo 5.12. Sea $C = \{1, 2, 3, 4, 5\}$ con la relación de orden total $\leqslant$, tenemos que
$$1 \leqslant 2 \leqslant 3 \leqslant 4 \leqslant 5.$$
☺

$$1 \longrightarrow 2 \longrightarrow 3 \longrightarrow 4 \longrightarrow 5$$

Figura 5.2 El *orden total* también se llama *orden lineal*, ¡todos formados!

Actividad 5.3. Los ancestros. Define la relación *es ancestro de* en el conjunto de tus parientes (los más que puedas: hermana(o)s, prima(o)s, tía(o)s, abuela(o)s, etc.). ¿Es un orden parcial? Ilustra con un diagrama.

Definición 5.10. Relación de equivalencia. Sea C un conjunto, una *relación de equivalencia* en C es una relación *reflexiva, simétrica y transitiva*. Se denota con $\sim$, se escribe $a \sim b$ y se lee a *es equivalente a* b.

Ejemplo 5.13. La relación de equivalencia más familiar es la de igualdad (Ejemplo 5.4, página 102) en los elementos de un conjunto C.

- La igualdad es *reflexiva*. Si $a \in C$, $a = a$.

- La *igualdad es simétrica*. Si $a = b$ entonces $b = a$.

- La *igualdad es transitiva*. Si $a = b$ y $b = c$, entonces $a = c$, para elementos a, b y c del conjunto C.

Así, la igualdad es una *relación de equivalencia* en C. ☺

Es posible definir muchas más relaciones de equivalencia además de la *igualdad*, en donde distintos elementos de un conjunto sean equivalentes, a diferencia de la igualdad en que cada elemento sólo es equivalente consigo mismo.

Ejemplo 5.14. Considera el conjunto C de las personas que forman tu grupo escolar y la relación entre elementos de C definida como "*a está relacionada con b si a lleva blusa o camisa del mismo color que b*". ¿Es una relación de equivalencia?

Solución. Veamos si la relación es reflexiva, simétrica y transitiva.

- Claramente a está relacionada con a pues "a lleva blusa o camisa del mismo color que a". La relación es *reflexiva*.

- Asimismo es claro que si a está relacionada con b entonces b está relacionada con a pues si "a lleva blusa o camisa del mismo color que b", sucede que "b lleva blusa o camisa del mismo color que a". La relación es *simétrica*.

- Finalmente, si "a lleva blusa o camisa del mismo color que b" y si "b lleva blusa o camisa del mismo color que c", entonces es cierto que "a lleva blusa o camisa del mismo color que c". La relación es *transitiva*.

Así, la relación "a lleva blusa o camisa del mismo color que b" es una *relación de equivalencia*. ☺

EJEMPLO 5.15. En un conjunto de personas considera la relación "x *está relacionada con* y *si* x *nació el mismo año que* y".

- Claramente "x nació el mismo año que x", luego es *reflexiva*.

- Asimismo, si "x nació el mismo año que y entonces es cierto que "y nació el mismo año que x". Es *simétrica*.

- Finalmente, si "x nació el mismo año que y" y "y nació el mismo año que z", entonces "x nació el mismo año que z". Es *transitiva*.

Luego es una *relación de equivalencia*. ☺

Si tenemos un conjunto C con una clase de equivalencia ∼, es decir la pareja {C, ∼}, podemos separar los elementos de C en subconjuntos de elementos equivalentes entre sí.

DEFINICIÓN 5.11. CLASES DE EQUIVALENCIA. Sea {C, ∼} un conjunto con una relación de equivalencia. Para cada elemento $a \in C$ definimos

$$\overline{a} = \{x \in C \mid x \sim a\}.$$

El conjunto $\overline{a}$ es la *clase de equivalencia de* a y a es un representante de la clase $\overline{a}$. De hecho, cualquier $x \in \overline{a}$ es un representante de $\overline{a}$.

De la definición se desprende que $a \sim b \Leftrightarrow b \in \overline{a}$, y por lo tanto, si $b \in \overline{a}$ entonces $\overline{b} = \overline{a}$. Las clases de equivalencia de elementos equivalentes son iguales.

Asimismo $a \in \overline{a}$, pues la relación de equivalencia es reflexiva.

El símbolo $\nsim$ denota que no hay relación, así $a \nsim b$ significa que a no está en relación con b.

Las clases de equivalencia de un conjunto C son los subconjuntos generados por la relación ∼, están formadas por elementos equivalentes entre sí.

Las clases de equivalencia de dos elementos de C son iguales o son ajenas.

Enunciamos estas propiedades a continuación.

TEOREMA 5.2. *Sea* {C, ∼} *un conjunto con una relación de equivalencia. Denotamos con* $\overline{a}$ *la clase de equivalencia de* $a \in C$ *generada por la relación* ∼. *Entonces*

1. *Sea* $\overline{x}$ *una clase de equivalencia de* C; $a, b \in \overline{x}$ *si, y sólo si,* $a \sim b$.

2. *Si* $a \sim b$, *entonces* $\overline{a} = \overline{b}$.

3. *Si* $a \nsim b$, *entonces* $\overline{a} \cap \overline{b} = \emptyset$.

5. Relaciones

Demostración.

1. Sean a y b $\in \overline{x}$, entonces a $\sim$ x y b $\sim$ x, pero b $\sim$ x implica x $\sim$ b, luego a $\sim$ x y x $\sim$ b implica a $\sim$ b. Recíprocamente, si a $\sim$ b y a $\in \overline{x}$, entonces a $\sim$ x, luego b $\sim$ x y b $\in \overline{x}$.

2. Sea a $\sim$ b, x $\in \overline{a}$ si, y sólo si, x $\sim$ a, si y sólo si x $\sim$ b, si y sólo si, x $\in \overline{b}$.

3. Sea a $\not\sim$ b, supongamos que existe algún elemento x de C que pertenece a $\overline{a} \cap \overline{b}$. Tendríamos

$$\exists x \in \overline{a} \cap \overline{b},$$
$$\Leftrightarrow x \in \overline{a} \text{ y } x \in \overline{b},$$
$$\Leftrightarrow x \sim a \text{ y } x \sim b,$$
$$\Leftrightarrow a \sim x \text{ y } x \sim b,$$
$$\Leftrightarrow a \sim b.$$

Luego $\overline{a} \cap \overline{b} \neq \emptyset \Leftrightarrow a \sim b$, pero a $\not\sim$ b por lo tanto $\overline{a} \cap \overline{b} = \emptyset$. ☺

Ejemplo 5.16. Las clases de equivalencia del conjunto del Ejemplo 5.14 de la página 106, son las personas que llevan blusa o camisa del mismo color. ☺

Ejemplo 5.17. Las clases de equivalencia del conjunto del Ejemplo 5.15 de la página 107, son las personas que nacieron el mismo año. ☺

Actividad 5.4. Los ancestros (continuacón). Analiza la relación definida en la Actividad anterior para ver si es una *relación de equivalencia*.

5.3. Particiones

El concepto de *partición* de un conjunto C es claro, se trata de una colección de subconjuntos de C cuya unión es igual a C y cuya intersección dos a dos es vacía.

Ejemplo 5.18. Si $C = \{a, b, c, d, e\}$, una partición de C es la familia $p = \{\{c\}, \{a, d\}, \{b, e\}\}$ de subconjuntos de C.

La unión de los miembros de la familia es $\{c\} \cup \{a, d\} \cup \{b, e\}$. Como la operación de unión es asociativa, es decir $(A \cup B) \cup C = A \cup (B \cup C)$, la operación de unión entre tres conjuntos significa que

$$A \cup B \cup C = (A \cup B) \cup C.$$

Así,

$$\{c\} \cup \{a,d\} \cup \{b,e\} = (\{c\} \cup \{a,d\}) \cup \{b,e\}$$
$$= \{c,a,d\} \cup \{b,e\}$$
$$= \{c,a,d,b,e\}$$
$$= C.$$

Si tomamos dos conjuntos cualesquiera de $\mathfrak{p}$ vemos que su intersección es vacía,

$$\{c\} \cap \{a,d\} = \emptyset,$$
$$\{c\} \cap \{b,e\} = \emptyset,$$
$$\{a,d\} \cap \{b,e\} = \emptyset.$$

Hemos verificado que $\mathfrak{p}$ es una partición de C. ☺

Antes de presentar una definición formal del concepto de partición veamos la unión de los miembros de la partición y su intersección dos a dos.

Definición 5.12. Familia indexada. Sea $\mathcal{J}$ un conjunto, que llamaremos de *índices*, la familia de conjuntos $\mathcal{A}$ *indiciada*, o *indexada*, por $\mathcal{J}$ es

$$\mathcal{A} = \{A_i\}_{i \in \mathcal{J}}.$$

Ejemplo 5.19. Supongamos que en la clase de química se divide al grupo para asistir a las prácticas de laboratorio. Se asigna un grupo de personas por cada día hábil de la semana.

Consideremos al conjunto de índices $\mathcal{S}$ formado por los días de la semana en que está disponible el laboratorio, es decir

$$\mathcal{S} = \{\text{lunes, martes, miércoles, jueves, viernes}\}.$$

Así, cada persona del grupo estará asignada a un conjunto L_d, $d \in \mathcal{S}$.

La manera en que las personas del grupo asistirán al laboratorio de química está dada por la familia $\mathcal{L}$,

$$\mathcal{L} = \{L_d\}_{d \in \mathcal{S}}.$$

De manera explícita, la familia $\mathcal{L}$ consta de los conjuntos

$$\mathcal{L} = \{L_{\text{lunes}}, L_{\text{martes}}, L_{\text{miércoles}}, L_{\text{jueves}}, L_{\text{viernes}}\}. \qquad ☺$$

Definición 5.13. Unión de una familia. Sea $\mathcal{A}$ una familia indexada con el conjunto de índices $\mathcal{I}$. La *unión de la familia* es el conjunto formado por los elementos que pertenecen al menos a un elemento de la familia,

$$\bigcup \mathcal{A} = \bigcup_{i \in \mathcal{I}} A_i = \{x \mid x \in A_i, \text{ para algún } i \in \mathcal{I}\}.$$

En el Ejemplo 5.19 anterior, la unión de la familia $\mathcal{L}$ será el conjunto de personas que asistieron al menos un día al laboratorio. Si se apuntaron todas las personas del grupo G, la unión de la familia $\mathcal{L}$ será G.

Definición 5.14. Intersección dos a dos. Sea $\mathcal{A}$ un familia indexada con $\mathcal{I}$. La intersección *dos a dos* de elementos de la familia es considerar todas las posibles intersecciones $A_i \cap A_j$ para $i \neq j$, de los conjuntos A_i, A_j en $\mathcal{A}$.

Cuando pedimos que la intersección *dos a dos* de elementos de una familia sea vacía, estamos pidiendo que

$$A_i \cap A_j = \emptyset, \quad i, j \in I, \quad i \neq j,$$

también se dice que los conjuntos son *ajenos dos a dos*.

Si en el Ejemplo 5.19 anterior, resulta que cada persona se apunto sólo en un día para asistir al laboratorio, entonces la intersección de los conjuntos de las asistentes en dos días diferentes será vacía.

Nuevamente en el Ejemplo 5.19 anterior del grupo G de personas de la clase de química. Si *todas* las personas del grupo se apuntaron para asistir al laboratorio *y* si cada persona se anotó *sólo* en un día, entonces la familia de subconjuntos de G

$$\mathcal{L} = \{L_d\}_{d \in \mathcal{S}}$$

es una partición de G pues la unión de los elementos de la familia es G y la intersección dos a dos de los elementos de la familia es vacía.

Definición 5.15. Partición. Sea C un conjunto, una *partición* de C es una familia $\mathfrak{p}$ de subconjuntos P_i de C, $i \in \mathcal{I}$, tal que la unión de la familia es C y la intersección *dos a dos* de los elementos de la familia es vacía,

$$\mathfrak{p} = \{P_i\}_{i \in \mathcal{I}}, \quad P_i \subseteq C,$$
$$C = \bigcup_{i \in \mathcal{I}} P_i,$$
$$P_i \cap P_j = \emptyset, \quad i, j \in \mathcal{I}, \quad i \neq j.$$

Teorema 5.3. Sea $\{C, \sim\}$ *un conjunto con una relación de equivalencia. Las* clases de equivalencia *de la relación forman una* partición *de C. Se llama la* partición generada por la relación de equivalencia.

5.3. Particiones

DEMOSTRACIÓN. Como se trata de una relación de equivalencia, tenemos $x \sim x$, para toda $x \in C$, es decir que cada elemento $x \in C$ pertenece al menos a su propia clase de equivalencia, $x \in \bar{x}$, y por lo tanto a la unión de las clases de equivalencia, es decir que la unión de las clases de equivalencia contiene a C, pero sólo a C pues la relación es entre elementos de C. La unión de las clases de equivalencia es igual a C.

Dadas dos clases de equivalencia, según el Teorema 5.2 de la página 107, o son iguales o son ajenas. Las clases de equivalencia son ajenas dos a dos.

Luego las clases de equivalencia forman una partición de C. ☺

TEOREMA 5.4. *Sea C un conjunto y p una partición de C. La relación $a \sim b$ si a y b pertenecen al mismo conjunto de la partición, es una relación de equivalencia. Se llama la **relación de equivalencia generada por la partición**.*

DEMOSTRACIÓN.

- Sea $x \in C$, luego x está en algún conjunto P_i de la partición p y por lo tanto x está en el mismo P_i que x, luego $x \sim x$. La relación es *reflexiva*.

- Sean $x, y \in C$ tales que $x \sim y$. Eso significa que x y y están en el mismo conjunto P_i de la partición, luego y y x están en el mismo conjunto P_i, es decir $y \sim x$. La relación es *simétrica*.

- Sean x, y y $z \in C$ tales que $x \sim y$ y $y \sim z$. Eso significa que x y y están en el mismo conjunto de la partición y que y y z están en el mismo conjunto de la partición, luego x y z están en el mismo conjunto de la partición, es decir $x \sim z$. La relación es *transitiva*.

Luego la relación generada por la partición p es de equivalencia. ☺

Combinando los resultados de los dos teoremas anteriores, el siguiente dice que es lo mismo hablar de relaciones de equivalencia y de particiones pues sucede que:

- Partimos de una relación de equivalencia en un conjunto, esa relación genera una partición del conjunto. Ahora, esa partición genera una relación de equivalencia. Bien, la relación de equivalencia generada por la partición es igual a la relación de equivalencia original.

- O Comenzamos con una partición de un conjunto, esa partición genera una relación de equivalencia en el conjunto. Ahora, esa relación de equivalencia genera una partición. Bien, la partición generada por la relación de equivalencia es igual a la partición original.

TEOREMA 5.5. *Sea $\{C, \sim\}$ un conjunto con una relación de equivalencia. Sea $\mathfrak{p}$ la partición generada. Sea ahora $R_\mathfrak{p}$ la relación generada por la patición $\mathfrak{p}$, entonces la relación $\sim$ y la relación $R_\mathfrak{p}$ son iguales.*

DEMOSTRACIÓN. Aquí se plantea el asunto de la igualdad de dos relaciones de equivalencia. Digamos que dos relaciones de equivalencia son iguales si tienen las mismas clases de equivalencia. Siendo así, es claro que ambas relaciones de equivalencia $\sim$ y $R_\mathfrak{p}$ tienen las mismas clases de equivalencia. ☺

La otra versión del teorema es

TEOREMA 5.6. *Sea C un conjunto y $\mathfrak{p}$ una partición de C. Sea $R_\mathfrak{p}$ la relación de equivalencia generada por la partición $\mathfrak{p}$ y sea $\mathfrak{q}$ la partición generada por la relación de equivalencia $R_\mathfrak{p}$. Entonces $\mathfrak{q} = \mathfrak{p}$.*

Capítulo 6

Funciones

El concepto de *función* expresa la relación que hay entre dos objetos, pueden ser cantidades que expresen tiempo, distancia, temperatura, salario, o pueden ser elementos de conjuntos de personas, colores, vegetación, o ubicación en un mapa, en fin, por medio del concepto de función expresamos la relación que existe entre dos objetos. Evoluciona del concepto de *curva* donde se pasa del estudio de la *forma* de las curvas al cambio de las coordenadas de los puntos situados sobre la curva.

En este capítulo formalizamos el concepto *general* de función expresado de manera intuitiva en el párrafo anterior, ilustramos con tablas y por medio del lenguaje de los *conjuntos*, y analizamos sus propiedades fundamentales.

6.1. Definición de función

Definición 6.1. Función. Una *función* consta de tres objetos: un conjunto llamado el ***dominio*** de la función, que denotamos con D_f, otro conjunto llamado el ***contradominio*** de la función y una ***regla de correspondencia*** que asocia a cada elemento del dominio de la función, uno y sólo un elemento del contradominio. Lo escribimos

$$f: D_f \to C,$$

y la regla de correspondencia que nos indica que al elemento $x \in D_f$ le corresponde el elemento $y \in C$, se escribe $y = f(x)$. Así,

$$f: D_f \to C$$
$$x \mapsto y = f(x).$$

Al elemento $f(x)$ del contradominio se le llama la *imagen* de x bajo f.

6. Funciones

La notación f: X → Y tal que y = f(x), representa la función f con dominio X, contradominio Y y regla de correspondencia f(x), que a x le asigna y = f(x), lo cual se denota con x ↦ y.

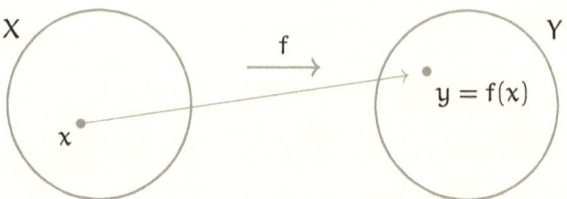

Figura 6.1 El dominio de f es X, el contradominio Y, la imagen de x bajo f es y.

Ejemplo 6.1. Sea A = {1, 3, 5} el dominio de la función f, B = {r, s} el contradominio y la regla de correspondencia la podemos expresar como una tabla que indique el elemento del contradominio que corresponde a cada elemento del dominio:

x	y
1	s
3	s
5	r

Vemos que f(1) = s, f(3) = s y f(5) = r, es decir que s es la imagen del 1 y del 3, y que r es la imagen de 5 bajo f.

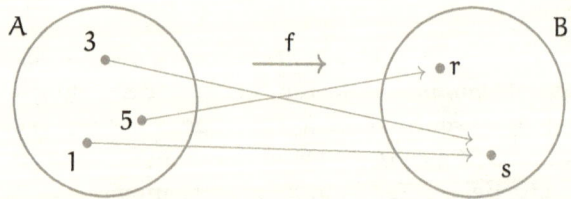

Figura 6.2 Dos puntos del dominio pueden tener la misma imagen.

Definición 6.2. Imagen de la función. Sea f: X → Y una función con dominio X, contradominio Y y regla de correspondencia y = f(x). Al subconjunto de Y de los puntos imagen de todos los puntos x ∈ X bajo f, se le llama la *imagen de la función* y se denota con Im_f, así,

$$\text{Im}_f = \{y \in Y \mid y = f(x), x \in X\}.$$

6.1. Definición de función

A la imagen de la función también se le llama el *rango*, es el subconjunto de puntos del contradominio que *barre* f.

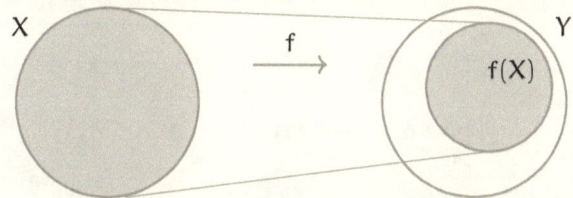

Figura 6.3 f(X) es la imagen de la función.

Ejemplo 6.2. Sea $A = \{1, 3, 5\}$ el dominio de f y $B = \{r, s, t, u, v\}$ el contradominio. La regla de correspondencia está dada por la tabla:

x	y
1	s
3	s
5	r

El subconjunto de B formado por los puntos imagen de f es

$$\text{Im}_f = \{r, s\}.$$

Así, s es un punto imagen, o está en la imagen de la función, mientras que u no es punto imagen, no está en la imagen de la función. ☺

Definición 6.3. Imagen de un conjunto. Sea $f: X \to Y$ una función con dominio X, contradominio Y y regla de correspondencia $y = f(x)$, y sea A un subconjunto de X. Al subconjunto de Y formado por los puntos imagen de los elementos de A se le llama la *imagen de A bajo f* y se le denota con $f(A)$ o por $\text{Im}_f A$, es decir,

$$f(A) = \text{Im}_f A = \{y \in Y \mid y = f(x), \text{ para algún } x \in A\}.$$

De hecho, la imagen de la función es $f(X)$.

A $f|A: X \to Y$ se le lama la *función* f *restringida a* A y también se escribe como $f: A \to Y$, o de manera explícita, $f: A \subseteq X \to Y$.

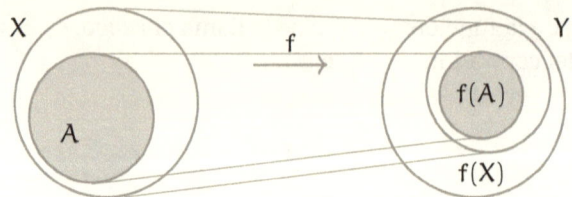

Figura 6.4 f(A) es la imagen de A ⊆ X.

Ejemplo 6.3. Sea $X = \{1, 2, 3, 4\}$ el dominio de f, $Y = \{a, b, c, d, e, f\}$ el contradominio y la regla de correspondencia dada por la tabla

x	f(x)
1	c
2	a
3	e
4	e

Sea $A = \{1, 2, 4\}$ un subconjunto de X. Los puntos imagen de los elementos de A son $f(A) = \{c, a, e\}$. Es decir, la imagen de A bajo f es f(A), que también es, en este caso, f(X). ☺

Hay dos funciones particulares. La función **idéntica** y la función **constante**.

Definición 6.4. Función idéntica. Sea una función f: A → A, con regla de correspondencia $y = f(x)$. La *función idéntica de* A, o *función identidad*, que se denota con I_A, tiene como regla de correspondencia $f(x) = x$, para toda $x \in A$,

$$I_A: A \to A, \quad I_A(x) = x, \ \forall x \in A.$$

Ejemplo 6.4. Sea $A = \{1, 3, 5\}$, la función I_A tiene la regla de correspondencia expresada en la tabla siguiente:

x	y
1	1
3	3
5	5

Definición 6.5. Función constante. La f: A → B es una *función constante* si existe $c \in B$ tal que $f(x) = c$, para toda $x \in A$.

6.1. Definición de función

Ejemplo 6.5. Sea $A = \{1, 3, 5\}$ el dominio de f y $B = \{r, s, t, u, v\}$ el contradominio. La regla de correspondencia de una función constante está dada por la tabla:

x	y
1	t
3	t
5	t

A la función constante expresada le podríamos llamar la función t, es decir la función tal que $f(x) = t$, para toda $x \in A$. ☺

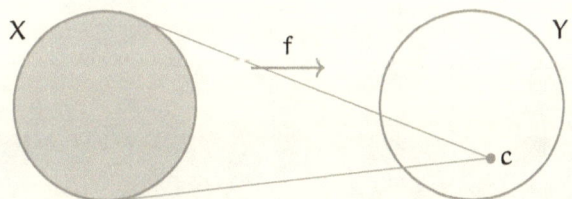

Figura 6.5 $c = f(x)$, $\forall x \in X$.

Definición 6.6. Inyectiva, suprayectiva y biyectiva. Sea $f: X \to Y$ una función con dominio X, contradominio Y y regla de correspondencia $y = f(x)$. La función f es:

1. *Inyectiva* si a puntos diferentes en el dominio corresponden, bajo la función, puntos diferentes en el contradominio, es decir,

$$\text{si } x \neq y \quad \text{entonces} \quad f(x) \neq f(y),$$

o, de manera equivalente, si $f(x) = f(y)$ entonces $x = y$.

2. *Suprayectiva* si todos los puntos del contradominio son imagen de los elementos del dominio, es decir, que para toda $y \in Y$ existe $x \in X$ tal que $f(x) = y$, o dicho en términos de la imagen, que $f(X) = Y$.

3. *Biyectiva* si es inyectiva *y* suprayectiva. A las funciones biyectivas se les suele llamar *correspondencia biunívoca*.

Ejemplo 6.6. Sean $A = \{1, 3, 5\}$ y $B = \{s, t, u, v\}$. La función que asocia $1 \mapsto f(1) = t$, $3 \mapsto f(3) = v$ y $5 \mapsto f(5) = s$ es inyectiva pues a puntos distintos les corresponden puntos distintos. Es posible que la imagen de la función *no* sea todo el contradominio. ☺

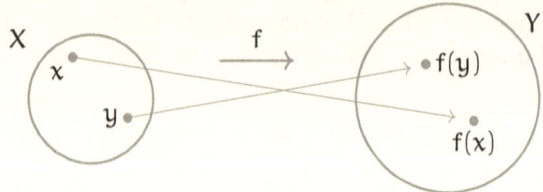

Figura 6.6 Puntos distintos van a dar a puntos distintos.

Ejemplo 6.7. Sean $A = \{1, 3, 5, 7\}$ y $B = \{s, t, u\}$. La función que asocia $1 \mapsto g(1) = t, 3 \mapsto g(3) = u, 5 \mapsto g(5) = s$ y $7 \mapsto g(7) = t$ es suprayectiva pues cada punto del contradominio es imagen de al menos uno en el dominio. La imagen de la función es todo el contradominio. ☺

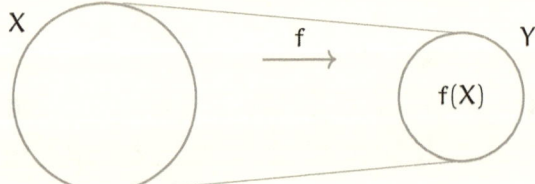

Figura 6.7 $\forall y \in Y, \exists x \in X$ tal que $f(x) = y$, es decir $f(X) = Y$.

Ejemplo 6.8. Sean $A = \{1, 3, 5\}$ y $B = \{s, t, u\}$. La función que asocia $1 \mapsto h(1) = t, 3 \mapsto h(3) = u$ y $5 \mapsto h(5) = s$ es biyectiva pues es inyectiva (puntos distintos van a puntos distintos) y suprayectiva (todos los puntos del contradominio son imagen), es decir, se trata de una *correspondencia biunívoca*. ☺

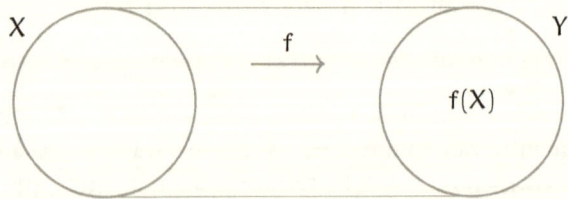

Figura 6.8 *Biyectiva* es una función inyectiva y suprayectiva.

Definición 6.7. Gráfica de una función. Sea $f: X \to Y$ una función con dominio X, contradominio Y y regla de correspondencia $y = f(x)$. La *gráfica de* f, que se denota con G_f es el subconjunto del producto cartesiano $X \times Y$ tal que el segundo elemento de cada pareja ordenada es la imagen del primer elemento bajo f, es decir,

6.1. Definición de función

$$G_f = \{(x,y) \in X \times Y \mid y = f(x), x \in X\}.$$

Así, la gráfica de una función es un conjunto de parejas ordenadas donde el primer elemento de cada pareja es un punto del dominio de la función y el segundo elemento es la imagen del primero bajo la función, es decir, la gráfica de una función es el conjunto de parejas $(x, f(x))$, que es, claramente, un subconjunto del producto cartesiano $X \times Y$.

Ejemplo 6.9. Si $A = \{1,3,5\}$, la gráfica de la función idéntica de A es $G_{I_A} = \{(1,1), (3,3), (5,5)\}$. ☺

Ejemplo 6.10. Si $A = \{1,2,3,4\}$ es el dominio de f, $B = \{a,b,c,d,e,f\}$ el contradominio y la regla de correspondencia está dada por la tabla

x	f(x)
1	c
2	a
3	e
4	e

La gráfica de la función es el conjunto de parejas de la forma $(x, f(x))$, subconjunto del producto cartesiano $A \times B$,

$$G_f = \{(1,c), (2,a), (3,e), (4,e)\}.$$ ☺

Algunos autores mezclan el concepto de función y el de gráfica de una función y definen una función con dominio A y contradominio B, como un subconjunto del producto cartesiano $A \times B$ de manera que las parejas tienen la forma $(x, f(x))$, donde $x \in A$ y $f(x) \in B$ es la imagen de x.

Ejercicios 6.1.

1. Sean $A = \{a,b,c\}$ y $B = \{7,5,4\}$ dos conjuntos. ¿Cuáles de los conjuntos a continuación es la gráfica de una función con dominio A y contradominio B?

   a. $\{(a,4), (b,7), (a,5)\}$,   **b.** $\{(b,2), (a,7), (c,4)\}$,
   c. $\{(c,4), (a,4), (b,4)\}$,   **d.** $\{(7,c), (4,a), (5,a)\}$,
   e. $\{(b,7), (c,7), (a,4)\}$,   **f.** $\{(1,7), (b,2), (a,7)\}$,
   g. $\{(a,7), (b,5), (c,4)\}$,   **h.** $\{(a,a), (b,b), (c,c)\}$.

2. Si $A = \{2,5,7,8\}$ y $B = \{p,q,r\}$, define una función inyectiva de A a B y otra de B a A, escribe su gráfica como conjunto de parejas ordenadas. ¿Cuál es la gráfica de la función idéntica de B?

6. Funciones

Actividad 6.1. Junta dos grupos de personas y define funciones entre ellos, verifica que lo sean, analiza cuáles son, o no, inyectivas y/o suprayectivas.

6.2. Función inversa

Si $f: X \to Y$ es una función inyectiva, es decir, que a puntos diferentes los envía a puntos diferentes, entonces podemos definir una función que tenga como dominio a $f(X)$ y como contradominio a X y su regla de correspondencia sea *regresar* a $y \in f(X)$ a la $x \in X$ de la que provino bajo f. Le llamaremos la *función inversa* de la función f.

Definición 6.8. Función inversa. Sea $f: X \to Y$ una función inyectiva. La *función inversa* de la función f, que denotamos con f^{-1}, tiene como dominio la imagen de f, es decir $f(X)$, como contradominio X y como regla de correspondencia $f^{-1}(y) = x$, donde $f(x) = y$, para toda $y \in f(X)$. Así,

$$f^{-1}: f(X) \to X$$
$$y \mapsto x = f^{-1}(y), \quad \text{tal que} \quad y = f(x).$$

El elemento $x \in X$ es la imagen de y bajo f^{-1} y también se le llama la *imagen inversa* de y bajo f.

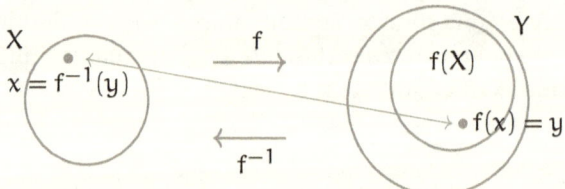

Figura 6.9 La función inversa de f regresa a cada elemento del contradominio de f al elemento del dominio del cual provino.

Ejemplo 6.11. Sean $A = \{1, 3, 5\}$, $B = \{r, s, t, u, v\}$ y f la función con regla de correspondencia definida por la tabla siguiente:

x	f(x)
1	u
3	s
5	v

6.2. Función inversa

La imagen de la función es $f(A) = \{s, u, v\}$, luego es ahí donde está definida la función inversa de f, la tabla de f^{-1} es

y	$f^{-1}(y)$
s	3
u	1
v	5

Es decir,

x	y = f(x)
1	u
3	s
5	v

y	$x = f^{-1}(y)$
s	3
u	1
v	5

☺

El propósito de que la función f sea inyectiva es que cada punto imagen en el contradominio lo sea de *sólo un* elemento del dominio y así poder definir a ese punto como la imagen bajo f^{-1}. Insistimos, se puede definir la **función inversa** sólo en donde la función f sea **inyectiva**.

Sin embargo, dada una función cualquiera $f: X \to Y$, y un punto $y \in Y$, podemos definir el **conjunto** *imagen inversa* de $y \in Y$.

DEFINICIÓN 6.9. IMAGEN INVERSA. Sea $f: X \to Y$ una función y $y \in Y$ un elemento del contradominio. La *imagen inversa* de y, que denotamos con $f^{-1}(y)$, es el *conjunto* de los elementos del dominio de la función f cuya imagen es y,

$$f^{-1}(y) = \{x \in X \mid f(x) = y\}.$$

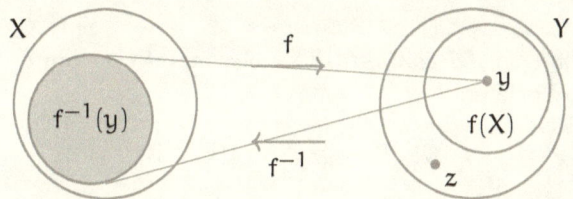

FIGURA 6.10 La imagen inversa de y es el subconjunto de X que la función envía a y; como z no está en la imagen de la función, $f^{-1}(z) = \emptyset$.

En la figura anterior, z es un elemento del contradominio que *no* es imagen bajo f, entonces su imagen inversa será el conjunto vacío. Si la función f *no* es inyectiva entonces la imagen inversa de *algunos* puntos será un conjunto con dos o más elementos, y si la función es inyectiva, entonces la imagen inversa de cada punto en el contradominio será vacía o constará de un solo punto (en cuyo caso podemos definir la *función inversa* en la imagen de la función).

EJEMPLO 6.12. Sean $A = \{1, 3, 5, 8\}$ y $B = \{r, s, t, u, v\}$ y f la función con regla de correspondencia definida por la tabla siguiente:

x	f(x)
1	u
3	s
5	v
8	s

¿Cuál es la imagen inversa de cada punto de B?

SOLUCIÓN. De la tabla vemos que r no es imagen, es decir, no existe $x \in A$ tal que $f(x) = r$, luego $f^{-1}(r) = \emptyset$. Lo mismo sucede con t, $f^{-1}(t) = \emptyset$. Veamos ahora s, según la tabla s es la imagen de 3 y de 8 bajo f, luego $f^{-1}(s) = \{3, 8\}$. De la tabla obtenemos que $f^{-1}(u) = \{1\}$ y que $f^{-1}(v) = \{5\}$.
☺

De lo anterior obtenemos como criterio que,

si $f: X \to Y$ es una función, la función inversa estará definida sólo en los puntos del contradominio cuya imagen inversa conste de uno y sólo un punto.

EJERCICIO 6.2. Sea f la función que asocia a cada número entero entre -10 y 10, su cuadrado. ¿Cuál es la imagen inversa de 64?

DEFINICIÓN 6.10. IMAGEN INVERSA DE UN CONJUNTO. Si $f: X \to Y$ y $B \subseteq Y$, la *imagen inversa del conjunto* B es el conjunto de puntos de X cuya imagen bajo f está en B,

$$f^{-1}(B) = \{x \in X \mid f(x) \in B\}.$$

6.3. Composición de funciones

Sean dos funciones f y g de manera que la imagen de la primera esté contenida en el dominio de la segunda. Si x está en el dominio de f, y f(x) está en el dominio de g, es posible aplicar g al punto f(x) y obtener $g(f(x))$. Esta operación es la aplicación sucesiva de las funciones f y g, se llama la *composición* de las funciones f y g. Noten que primero se aplica f y después se aplica g, por eso al resultado se le nombra f *seguida de* g, y

6.3. Composición de funciones

considerando que g se aplica a la imagen de f, se acostumbra escribir g ∘ f lo cual se lee f *seguida de* g, de hecho primero escribimos f (y decimos *efe*), después, a la izquierda de la f escribimos la bolita ∘ (y decimos *seguida de*) y, finalmente, a la izquierda de la bolita escribimos g (y decimos *ge*). Si x ∈ X es un punto del dominio de f, aplicamos f y obtenemos f(x) en el dominio de g —el contradominio de f, por hipótesis, está contenido en el dominio de g—, y por ello, a f(x) le podemos aplicar g, obteniendo g(f(x)). Tenemos como resultado una función cuyo dominio es el dominio de f y cuyo contradominio es el contradominio de g, le llamamos *efe seguida de ge* y denotamos con g ∘ f, también se lee *ge compuesta con efe* (pero entonces primero se escribe g, después la bolita y después f).

Definición 6.11. Composición. Sean f y g dos funciones tales que la imagen de f está contenida en el dominio de g, f: X → Y y g: Y → Z. La **composición** de las funciones f y g, que se escribe g ∘ f y se lee *efe seguida de ge* o *ge compuesta con efe*, es una función cuyo dominio es el dominio de f, su contradominio es el contradominio de g y su regla de correspondencia es

$$[g \circ f](x) = g[f(x)], \text{ para toda } x \in X.$$

Se ilustra con el siguiente diagrama:

$$x \in X \xrightarrow{f} f(x) \in Y$$
$$\searrow_{g \circ f} \quad \downarrow g$$
$$g[f(x)] \in Z$$

Figura 6.11 f seguida de g envía x ∈ X a g[f(x)] ∈ Z.

Ejemplo 6.13. Sean A = {1, 3, 5}, B = {s, t, u, v} y C = {i, j, k, l} y las funciones f: A → B y g: B → C dadas por las tablas:

x	y = f(x)
1	u
3	s
5	v

y	z = g(y)
s	i
t	l
u	j
v	k

Entonces la tabla de g ∘ f es,

x	z = g$[f(x)]$
1	j
3	i
5	k

☺

Actividad 6.2. Junta tres grupos de personas y define funciones entre ellos, verifica que lo sean, analiza cuáles son, o no, inyectivas y/o suprayectivas. Realiza la operación de composición y describe la imagen inversa de varios subconjuntos.

La operación de composición de funciones no es, en general, conmutativa, mientras que sí es asociativa.

Afirmación 6.1. *Sean las funciones* f: X → Y, g: Y → Z *y* h: Z → W, *entonces* (h ∘ g) ∘ f = h ∘ (g ∘ f).

Demostración. Partiendo de la definición de composición de funciones, tenemos que

$$[(h \circ g) \circ f](x) = [h \circ g](f(x))$$
$$= h[g(f(x))]$$
$$= h[(g \circ f)(x)]$$
$$= [h \circ (g \circ f)](x).$$

☺

Afirmación 6.2. *Si* f: X → Y, g: Y → Z *y* A ⊆ X, *tenemos que*

$$[g \circ f](A) = g[f(A)].$$

Demostración. Queda como Problema. ☺

Problema 6.1

Demuestra la Afirmación 6.2.

6.4. El conjunto vacío, ∅

Es posible hallar situaciones en donde el dominio de una función, o la intersección de dos conjuntos en el dominio sea el conjunto vacío, ¿qué sucede en ese caso con su imagen? ¿Qué pasa con la imagen inversa de la intersección de dos conjuntos *ajenos*[1]? Por ello es importante analizar

---

[1] Dos conjuntos son *ajenos* cuando su intersección es el conjunto vacío. Ver Definición 1.10, página 19.

6.4. El conjunto vacío, ∅

los casos donde se involucra el conjunto vacío y ver si los conceptos de función, imagen y otros, están bien definidos.

Pero antes, unas precisiones sobre el conjunto vacío.

Definición 6.12. Subconjunto vacío. Sea X un conjunto, el *subconjunto vacío de* X, se denota con $\emptyset_X$ y se define como

$$\emptyset_X = \{x \in X \mid x \neq x\}.$$

Afirmación 6.3. *Sean X y Y dos conjuntos y sus respectivos subconjuntos vacíos $\emptyset_X$ y $\emptyset_Y$, entonces*

$$\emptyset_X = \emptyset_Y.$$

Demostración. Es una igualdad de conjuntos, hay que demostrar la doble contención. La implicación $x \in \emptyset_X \Rightarrow x \in \emptyset_Y$ es equivalente[2] a $x \notin \emptyset_X$ o $x \in \emptyset_Y$; pero esta conjunción es verdadera pues la primera proposición que la forma es verdadera, es cierto que $x \notin \emptyset_X$ (nadie está en $\emptyset_X$), luego la implicación es verdadera y tenemos que $\emptyset_X \subseteq \emptyset_Y$. El argumento para la segunda contención es análogo. ☺

En vista de la Afirmación anterior, no tiene caso referirnos al subconjunto vacío de un conjunto determinado sino que podemos hablar de *el* conjunto vacío, referidos, claro está, a un universo Ω.

Definición 6.13. Conjunto vacío. Sea Ω el universo, *el conjunto vacío* se denota con $\emptyset$ y se define como

$$\emptyset = \{x \in \Omega \mid x \neq x\}.$$

Afirmación 6.4. *Sea Ω un universo.*

$$\emptyset \subseteq A, \text{ para cualquier } A \subseteq \Omega.$$

Demostración. Para demostrar la contención hay que verificar que la implicación $x \in \emptyset \Rightarrow x \in A$ es verdadera. Pero esa implicación es equivalente a la conjunción: $x \notin \emptyset$ o $x \in A$, la cual es verdadera independientemente de quién sea el conjunto A, pues es verdad que $x \notin \emptyset$. ☺

En algún momento necesitaremos responder a las siguientes preguntas, así que hagámoslo de una vez.

Pregunta. 6.1. *Si $A \neq \emptyset$, ¿es posible definir una función con dominio A y contradominio $\emptyset$?*

$$f: A \to \emptyset.$$

---

[2] Ver Definición 2.7, página 48.

6. Funciones

Respuesta. Además de dominio y contradominio, una función tiene una regla de correspondencia que según la Definición 6.1 de la página 113, *asocia a cada elemento del dominio uno y sólo un elemento del contradominio*. En este caso, como el contradominio no tiene elementos, dado un elemento cualquiera $x \in A$, no hay manera de asignarle un elemento de $\emptyset$, es decir, **no es posible** definir una regla de correspondencia que cumpla con la definición de función para el caso en que el dominio sea diferente del vacío y el contradominio sea el conjunto vacío. ☺

Pregunta. 6.2. *Si $B \neq \emptyset$, ¿es posible definir una función con dominio $\emptyset$ y contradominio B?*

$$f: \emptyset \to B.$$

Respuesta. Como $B \neq \emptyset$, habrá algún elemento $c \in B$. Definimos la regla de correspondencia $f(x) = c$. ¡Listo! A cada $x \in D_f$ le corresponde c, un elemento del contradominio. ¿No hay elementos en D_f? Eso no importa, la regla de correspondencia **está bien definida**. Podemos imaginar, a manera de ilustración, que el contradominio es un conjunto de sillas, sea s una de ellas. Hay un acomodador quien tiene la instrucción de *sentar* en s a las personas que lleguen. Nadie llega. No hay problema, el acomodador *sabe lo que tiene que hacer*. Todo está bien definido. Es posible tener una función. ☺

Pregunta. 6.3. *¿Es posible una función con dominio $\emptyset$ y contradominio $\emptyset$?*

$$f: \emptyset \to \emptyset.$$

Respuesta. La regla de correspondencia $f(x) = y$ para $y \notin A$, para cualquier conjunto A, sirve para definir esa función. La regla dice: a cada x que se presente se asigna y (que no existe); como nadie se presenta pues el dominio es $\emptyset$, no hay problema con asignarle algo que no existe (¡a cada Elfo su Unicornio!)[3]. ☺

Para finalizar con las preguntas sobre el conjunto vacío y las funciones, queda por averiguar cuál es la imagen y la imagen inversa del conjunto vacío bajo una función cualquiera.

---

[3] Explicaba este tema alrededor del año 1972 en un curso en el Auditorio de la Facultad de Ciencias de la UNAM con un público de 400 personas. A los lados del *presidium* había accesos al Auditorio que comunicaban directamente desde los salones de la Facultad. Para ilustrar una función del $\emptyset$ en el $\emptyset$ explicaba: «El dominio de la función es el conjunto de enanitos verdes que entren al Auditorio, el contradominio es el saco de manzanas que tengo aquí. La regla de correspondencia es: a cada enanito que entre le doy una manzana». «Pero no tienes manzanas», argumentaba el público. «Ahí está el asunto» insistía «así queda establecida la función del conjunto vacío en el conjunto vacío». En eso que entra por el acceso de mi lado izquierdo un niño como de 7 años, vestido de verde, con una caja de chicles, alzando distraído su mirada al público. «¡Dale su manzana!, ¡dale su manzana!» bramó el auditorio.

Pregunta. 6.4. *Si* f: X → Y *es una función, sabemos que* $\emptyset \subseteq X$,

$$¿quién\ es\ f(\emptyset)?$$

Respuesta. La imagen del conjunto vacío bajo cualquier función es el conjunto vacío, es decir
$$f(\emptyset) = \emptyset.$$
Para demostrarlo supongamos que no es cierto, es decir que $f(\emptyset) \neq \emptyset$. Esto implica que existe algún elemento $y \in f(\emptyset)$, es decir y es la imagen de algún punto $x \in \emptyset$; lo cual equivale a decir que existe $x \in \emptyset$ tal que $f(x) = y$. Pero eso es imposible pues $\emptyset$ no tiene elementos, luego es imposible que exista dicha $y \in f(\emptyset)$, por lo tanto $f(\emptyset) = \emptyset$. ☺

Pregunta. 6.5. *Si* f: X → Y *es una función, sabemos que* $\emptyset \subseteq Y$,

$$¿quién\ es\ f^{-1}(\emptyset)?$$

Respuesta. La imagen inversa del conjunto vacío bajo cualquier función es el conjunto vacío, es decir
$$f^{-1}(\emptyset) = \emptyset.$$
Para demostrarlo supongamos que no es cierto, es decir que $f^{-1}(\emptyset) \neq \emptyset$. Esto implica que existe algún elemento $x \in \emptyset$ tal que $f(x) = y$, pro eso es imposible pues el vacío no tiene elementos, por lo tanto no existe dicha $y \in f^{-1}(\emptyset)$ y $f^{-1}(\emptyset) = \emptyset$. ☺

Problema 6.2

Describe la gráfica de las funciones correspondientes a las Preguntas 6.2 y 6.3.

6.5. Propiedades

Propiedad. 6.1. *Sea* f: X → Y *una función y* $y = f(x)$ *su regla de correspondencia,*

1. *Si* $A \subseteq X$ *y* $x \in A$, *entonces* $f^{-1}[f(x)]$ *no necesariamente es un subconjunto de* A.

2. *Si* $B \subseteq Y$ *y* $y \in B$, *entonces* $f[f^{-1}(y)] = y$.

3. *Si* $B \subseteq Y$ *y* $f(a) \notin B$, *entonces* $f^{-1}[f(a)] \cap f^{-1}(B) = \emptyset$.

DEMOSTRACIÓN. Para el primer inciso tenemos el contraejemplo de la función constante $f(x) = c$. Si A es un subconjunto propio[4] de X y $x \in A$,

$$f^{-1}[f(x)] = f^{-1}(c) = X$$

que no es un subconjunto de A.

El segundo inciso es trivial, la imagen inversa de y, es decir $f^{-1}(y)$ es el conjunto de elementos del dominio cuya imagen es y, es decir $f[f^{-1}(y)] = y$.

Para el inciso número 3, si la intersección no fuera vacía tendríamos que existe algún elemento $x \in X$ tal que $x \in f^{-1}[f(a)] \cap f^{-1}(B) = \emptyset$.

$$x \in f^{-1}[f(a)] \cap f^{-1}(B) = \emptyset \Rightarrow x \in f^{-1}[f(a)] \text{ y } x \in f^{-1}(B)$$
$$\Rightarrow f(x) = f(a) \text{ y } f(x) \in B$$

lo cual contradice la hipótesis de que $f(a) \notin B$. ☺

PROPIEDAD. 6.2. *Sea* $f: X \to Y$ *una función, A un subconjunto de X y B un subconjunto de Y, entonces*

1. $f(A^c) \subseteq [f(A)]^c$,

2. $f^{-1}(B^c) = [f^{-1}(B)]^c$.

DEMOSTRACIÓN. Para el inciso 1, sea $y \in f(A^c)$.

$$y \in f(A^c) \Rightarrow \exists x \in A^c \mid f(x) = y$$
$$\Rightarrow x \notin A$$
$$\Rightarrow f(x) \notin f(A)$$
$$\Rightarrow y \in [f(A)]^c$$

Para el inciso 2, primero sea $x \in f^{-1}(B^c)$.

$$x \in f^{-1}(B^c) \Rightarrow f(x) \in B^c$$
$$\Rightarrow f(x) \notin B$$
$$\Rightarrow f^{-1}[f(x)] \nsubseteq f^{-1}(B)$$
$$\Rightarrow x \notin f^{-1}(B)$$
$$\Rightarrow x \in [f^{-1}(B)]^c.$$

---

[4] $A \subset X$ si $A \subseteq X$ y $\exists y \in X$ tal que $y \notin A$. *Ver* Definición 1.5, página 11.

Ahora, sea $x \in \left[f^{-1}(B)\right]^c$.

$$\begin{aligned}
x \in \left[f^{-1}(B)\right]^c &\Rightarrow x \notin f^{-1}(B) \\
&\Rightarrow f(x) \notin f\left[f^{-1}(B)\right] \\
&\Rightarrow f(x) \notin B \\
&\Rightarrow f(x) \in B^c \\
&\Rightarrow f^{-1}[f(x)] \subseteq f^{-1}(B^c) \\
&\Rightarrow x \in f^{-1}(B^c).
\end{aligned}$$
☺

Propiedad. 6.3. *Sea* $f: X \to Y$ *una función y* A *y* B *subconjuntos de* X.

1. $f(A \cup B) = f(A) \cup f(B)$,
2. $f(A \cap B) \subseteq f(A) \cap f(B)$,
3. $f(A \setminus B) \subseteq f(A) \setminus f(B)$.

Demostración. El primer inciso es una igualdad de conjuntos y los dos siguientes son una contención. Para el primero, sea $y \in f(A \cup B)$.

$$\begin{aligned}
y \in f(A \cup B) &\Leftrightarrow y = f(x), \text{ para alguna } x \in A \cup B, \\
&\Leftrightarrow x \in A \text{ o } x \in B, \\
&\Leftrightarrow f(x) \in f(A) \text{ o } f(x) \in f(B), \\
&\Leftrightarrow f(x) \in f(A) \cup f(B), \\
&\Leftrightarrow y \in f(A) \cup f(B).
\end{aligned}$$

Lo cual muestra el primer inciso.

Para el segundo, sea $y \in f(A \cap B)$.

$$\begin{aligned}
y \in f(A \cap B) &\Rightarrow y = f(x) \text{ para alguna } x \in A \cap B, \\
&\Rightarrow x \in A \text{ y } x \in B, \\
&\Rightarrow f(x) \in f(A) \text{ y } f(X) \in B, \\
&\Rightarrow f(x) \in f(A) \cap f(B), \\
&\Rightarrow y \in f(A) \cap f(B).
\end{aligned}$$

Lo cual demuestra la contención del segundo inciso.

Para el tercer inciso, sea $y \in f(A \setminus B)$.

$$\begin{aligned}
y \in f(A \setminus B) &\Rightarrow y = f(x) \text{ para alguna } x \in A \setminus B, \\
&\Rightarrow x \in A \text{ y } x \notin B, \\
&\Rightarrow f(x) \in f(A) \text{ y } f(x) \notin f(B), \\
&\Rightarrow f(x) \in f(A) \setminus f(B).
\end{aligned}$$

En el siguiente Problema pedimos exhibir contraejemplos que ilustren que no se cumple la igualdad en los dos últimos incisos. ☺

Problema 6.3

Exhibe un contraejemplo para la igualdad en los incisos 2 y 3 de la Propiedad 6.3.

Problema 6.4

Demuestra que $f(A \cap B) = f(A) \cap f(B)$ para cualesquiera A y B si, y sólo si, f es inyectiva.

Problema 6.5

Demuestra que $f(A \setminus B) = f(A) \setminus f(B)$ para cualesquiera A y B si, y sólo si, f es inyectiva.

Propiedad. 6.4. *Sea* $f: X \to Y$ *una función y C y D subconjuntos de Y.*

1. $f^{-1}(C \cap D) = f^{-1}(C) \cap f^{-1}(D)$,
2. $f^{-1}(C \cup D) = f^{-1}(C) \cup f^{-1}(D)$,
3. $f^{-1}(C \setminus D) = f^{-1}(C) \setminus f^{-1}(D)$.

Demostración. Para el primer inciso, sea

$$\begin{aligned} x \in f^{-1}(C \cap D) &\Leftrightarrow f(x) \in C \cap D, \\ &\Leftrightarrow f(x) \in C \text{ y } f(x) \in D, \\ &\Leftrightarrow x \in f^{-1}(C) \text{ y } x \in f^{-1}(D), \\ &\Leftrightarrow x \in f^{-1}(C) \cap x \in f^{-1}(D). \end{aligned}$$

Para el segundo inciso, sea

$$\begin{aligned} x \in f^{-1}(C \cup D) &\Leftrightarrow f(x) \in C \cup D, \\ &\Leftrightarrow f(x) \in C \text{ o } f(x) \in D, \\ &\Leftrightarrow x \in f^{-1}(C) \text{ o } x \in f^{-1}(D), \\ &\Leftrightarrow x \in f^{-1}(C) \cup x \in f^{-1}(D). \end{aligned}$$

Finalmente, para el inciso número 3, sea

$$\begin{aligned} x \in f^{-1}(C \setminus D) &\Leftrightarrow f(x) \in C \setminus D, \\ &\Leftrightarrow f(x) \in C \text{ y } f(x) \notin D, \\ &\Leftrightarrow x \in f^{-1}(C) \text{ y } x \notin f^{-1}(D), \\ &\Leftrightarrow x \in f^{-1}(C) \setminus x \in f^{-1}(D). \end{aligned}$$

☺

6.5. Propiedades

Problema 6.6

Sea la función f: X → Y, y sean C y D subconjuntos de Y. Demuestra que si $C \subseteq D$ entonces $f^{-1}(C) \subseteq f^{-1}(D)$.

Propiedad. 6.5. *Sea* f: X → Y, *y los subconjuntos* $A \subseteq X$ *y* $B \subseteq Y$.

1. $A \subseteq f^{-1}[f(A)]$.
2. $f[f^{-1}(B)] \subseteq B$.

Demostración. Para el primer inciso, vemos que

$$f^{-1}[f(A)] = \{\, x \in X \mid f(x) \in f(A)\,\}.$$

Claramente, si $x \in A$ entonces $f(x) \in f(A)$, por lo tanto $x \in f^{-1}[f(A)]$.

Para el segundo inciso, sea

$$\begin{aligned} y \in f[f^{-1}(B)] &\Rightarrow \exists x \in X \text{ tal que } f(x) = y \text{ y } x \in f^{-1}(B), \\ &\Rightarrow f(x) \in B, \\ &\Rightarrow y \in B. \end{aligned}$$

☺

Problema 6.7

Exhibe un contraejemplo para la igualdad en los incisos 1 y 2 de la Propiedad 6.5.

Propiedad. 6.6. *Si* f: X → Y *y* g: Y → Z, *se cumple que*

$$[g \circ f]^{-1}(C) = f^{-1}[g^{-1}(C)],$$

para cada $C \subseteq Z$.

Demostración. Se trata de una igualdad entre conjuntos, sea

$$\begin{aligned} x \in [g \circ f]^{-1}(C) &\Leftrightarrow [g \circ f](x) \in C, \\ &\Leftrightarrow g[f(x)] \in C, \\ &\Leftrightarrow f(x) \in g^{-1}(C), \\ &\Leftrightarrow x \in f^{-1}[g^{-1}(C)]. \end{aligned}$$

☺

Propiedad. 6.7. *Si* f: X → Y *y* g: Y → Z, *se cumple que*

1. *Si* g ∘ f *es suprayectiva, entonces* g *es suprayectiva.*
2. *Si* g ∘ f *es inyectiva, entonces* f *es inyectiva.*

DEMOSTRACIÓN. Para el inciso 1, sea $g \circ f$ suprayectiva. Eso significa que para toda $z \in Z$ existe $x \in X$ tal que $[g \circ f](x) = z$. Pero $[g \circ f](x) = g[f(x)]$, donde $f(x) \in Y$. Es decir, para cada $z \in Z$ exhibimos $y \in Y$, a saber $y = f(x)$ tal que $g[f(x)] = z$, tal que $g(y) = z$. Por lo tanto g es suprayectiva.

Para el inciso 2, sea $g \circ f$ inyectiva. Sean x y $y \in X$ tales que $x \neq y$. Si $f(x) = f(y)$ entonces $g[f(x)] = g[f(y)]$ y $[g \circ f](x) = [g \circ f](y)$, en contradicción con la hipótesis; luego $f(x) \neq f(y)$ y f en inyectiva. ☺

Solución a los problemas

Solución 1.1

El conjunto de los departamentos de Costa Rica es

$$CR = \{\text{Guanacastle, Alajuela, Heredia, Limón,}$$
$$\text{Punta Arenas, San José, Cartago}\}.$$

El conjunto X de los que tienen costa es

$$X = \{\text{Guanacastle, Punta Arenas, Limón}\},$$

luego los departamentos que no tienen costa serán los elementos del conjunto X^c, es decir, Alajuela, Heredia y San José.

Solución 1.2

Nos piden que digamos cuál es el conjunto de los países sudamericanos en donde tradicionalmente habitan los Mayas. En primer lugar debemos ver cuáles son los países sudamericanos, podemos ver un mapa y formar una lista:

$$S = \{\text{Argentina, Bolivia, Brasil, Chile, Colombia, Ecuador,}$$
$$\text{Guyana, Paraguay, Perú, Surinam, Uruguay, Venezuela}\}.$$

Ahora vemos cuál de estos países está en la lista que conforma el conjunto M del Ejemplo 1.8, que describe al área Maya. Vemos que ningún elemento de S está en la lista de la zona Maya, luego el conjunto T de países sudamericanos que están en la zona Maya es el conjunto vacío, $T = \emptyset$.

Solución 1.3

A no es subconjunto de B si *existe algún* elemento de A que no pertenece a B, lo escribimos $A \nsubseteq B$. Es decir, que si logramos exhibir algún elemento de A que no esté en B, habremos demostrado que A no es subconjunto de B.

Solución 1.4

Según el Ejemplo 1.7 de la página 8, el universo es

$$\Omega = \{\text{Lima, Arequipa, Trujillo, Chiclayo, Iquitos, Piura}\}.$$

y los conjuntos en cuestión son X = {Chiclayo, Iquitos, Piura} y Y es el conjunto de esas ciudades cuyo nombre *termina* con la letra "a", es decir

$$Y = \{\text{Lima, Arequipa, Piura}\}.$$

Nos preguntan si $X \subseteq Y$. ¿Se cumple la definición de subconjunto? ¿Es cierto que cada elemento de X es elemento de Y? Veamos, Chiclayo $\in$ X pero Chiclayo $\notin$ Y, es decir, hay al menos un elemento de X, a saber Chiclayo, que no es elemento de Y, por lo tanto X *no* es subconjunto de Y, lo escribimos $X \nsubseteq Y$.

Solución 1.5

Para que $A \subseteq B$, se tendría que cumplir que cada alumna de sexto grado cumpliera años en el mes de marzo, lo cual no es probable que suceda. Supongamos que hay alumnas de sexto que no cumplen años en el mes de marzo, así, no es cierto que $A \subseteq B$. Para la contención del complemento, ¿Es cierto que cada elemento de A^c está en B^c? El conjunto A está formado por las alumnas de sexto grado, luego A^c es el conjunto de estudiantes de esa escuela que *no* que no son alumnas de sexto grado, luego un elemento de A^c no es una alumna de sexto que cumple años en marzo, por lo tanto será un elemento de B^c, es decir, sí es cierto que $A^c \subseteq B^c$.

Solución 1.6

Para demostrar una igualdad de conjuntos hay que demostrar la doble contención, es decir, hay que demostrar que $\Omega^c \subseteq \emptyset$ y que $\emptyset \subseteq \Omega^c$. Para la primera, sea $x \in \Omega^c$, por definición de complemento tenemos que $x \notin \Omega$ (si un punto está en el complemento de un conjunto entonces no está en el conjunto), pero Ω es el universo, entonces si x no está en Ω está en el conjunto vacío (si tengo una caja de naranjas, dada una manzana de la caja pues está en el conjunto vacío pues ¡la caja es de naranjas!). Para la segunda, si $x \in \emptyset$, como ahí no hay nadie, x no puede ser un elemento de Ω, luego $x \in \Omega^c$.

Solución 1.7

Hay que demostrar que la igualdad entre conjuntos es reflexiva, simétrica y transitiva. En cada caso hay que demostrar una igualdad, es decir hay que exhibir que se cumple la doble contención.

En el caso de la propiedad *reflexiva*, hay que demostrar que $A = A$ para cualquier conjunto A. La doble contención se reduce a una, $A \subseteq A$, misma que demostramos en la Propiedad 1.4 de la página 14.

Para la *simetría*, suponemos que $A = B$, por demostrar que $B = A$. Hay que verificar que se cumple la doble contención, que $B \subseteq A$ y que $A \subseteq B$, pero eso es lo que dice la hipótesis, aunque en diferente orden.

Y, finalmente, para la *transitividad* suponemos que $A = B$ y que $B = C$, hay que exhibir que se cumple la doble contención $A \subseteq C$ y $C \subseteq A$. Veamos la primera, sea $x \in A$, como $A = B$ se tiene que $x \in B$ pero como $B = C$ tenemos $x \in C$, luego $A \subseteq C$. La segunda, sea $x \in C$, como $B = C$ entonces $x \in B$, y como $B = A$, se tiene que $x \in A$, luego $C \subseteq A$. La doble contención implica que $A = C$.

Solución 1.8

Aquí conviene hacer una tabla con tres columnas, una con el nombre del país, la segunda que diga si limita con el Pacífico y la tercera que diga si limita con el Atlántico. Por ejemplo,

País	Pacífico	Atlántico
Perú	Sí	No
Uruguay	No	Sí

Completa la tabla con todos los países del conjunto A y obtén los elementos de los conjuntos T y P. Así podrás efectuar las operaciones requeridas.

Solución 1.9

Actúa de manera similar al problema anterior.

Solución 1.10

Cada una de las propiedades es una igualdad de conjuntos, así, para demostrarla tenemos que ver que se cumple la doble contención: Para demostrar que dos conjuntos son iguales hay que demostrar que el primero es un subconjunto del segundo y que el segundo es un subconjunto del primero.

i) La primera propiedad dice que $\emptyset \cap A = \emptyset$. Sea $x \in \emptyset \cap A$, por la definición de intersección, debemos tener entonces que $x \in \emptyset$ y $x \in A$, ¡épale! pero el conjunto vacío no tiene elementos, es decir que no existe un elemento de A que al mismo tiempo sea un elemento del vacío, luego $\emptyset \cap A = \emptyset$. Noten que en este caso no fue necesario demostrar la doble contención pues usamos un razonamiento directo.

ii) La segunda propiedad es que $\Omega \cap A = A$. Tenemos que $x \in \Omega \cap A$ si, y sólo si, $x \in \Omega$ y $x \in A$, lo cual sucede si, y sólo si $x \in A$ (noten que por la Propiedad 1.1 de la página 12, si $x \in A$ entonces $x \in \Omega$).

iii) La tercera propiedad es que $A \cap A^c = \emptyset$. La descripción de $A \cap A^c$ dice que es el conjunto de objetos que están en A y están en su complemento. Pero los elementos del complemento de A son los que no están en A. Entonces los elementos de $A \cap A^c$ son los objetos que están en A y no están en A, lo cual no se permite, luego no hay objetos que cumplan con la esa propiedad y por lo tanto $A \cap A^c = \emptyset$.

Solución 1.11

i) La primera propiedad dice que $\emptyset \cup A = A$. Tenemos que $x \in \emptyset \cup A$ si, y sólo si, $x \in \emptyset$ o $x \in A$, y lo anterior sucede si, y sólo si, $x \in A$ (como el conjunto vacío no tiene elementos, al objeto x que está en la unión no le queda mas que estar en A.

ii) La segunda propiedad afirma que $\Omega \cup A = \Omega$. Sea $x \in \Omega \cup A$, por la definición de unión, $x \in \Omega$ o $x \in A$, pero por la Propiedad 1.1 de la página 12, $x \in \Omega$, es decir $\Omega \cup A \subseteq \Omega$. De manera recíproca, si $x \in \Omega$, entonces $x \in \Omega$ o $x \in A$ (al fin y al cabo $x \in \Omega$), luego $x \in \Omega \cup A$, es decir $\Omega \subseteq \Omega \cup A$. Hemos mostrado la doble contención y por lo tanto la igualdad.

iii) La tercera propiedad es que $A \cup A^c = \Omega$. Si $x \in A \cup A^c$ entonces $x \in A$ o $x \in A^c$, de cualquier manera tenemos que $x \in \Omega$, es decir $A \cup A^c \subseteq \Omega$. De manera recíproca, si $x \in \Omega$, entonces dado cualquier conjunto A de Ω, $x \in A$ o $x \in A^c$, luego $x \in A \cup A^c$, es decir $\Omega \subseteq A \cup A^c$. Hemos mostrado la doble contención y por lo tanto la igualdad.

Solución 1.12

Empleamos la ley distributiva enunciada en el segundo inciso del Teorema 1.5 de la página 23 y *factorizamos* A, obtenemos

$$(A \cup B) \cap (A \cup B^c) = A \cup (B \cap B^c)$$

pero $B \cap B^c = \emptyset$, luego

$$= A \cup \emptyset$$
$$= A.$$

¿Es cierto que $(A \cap B) \cup (A \cap B^c) = A$?

Solución 1.13

Por el último de los Ejercicios 1.4 de la página 23 tenemos que $B \subseteq A \cup B$, y por el Teorema 1.4 tenemos que $(A \cup B) \cap B = B$.

Solución 1.14

Para demostrar la igualdad $(A \cup B)^c = A^c \cap B^c$, veremos que x pertenece al conjunto del lado derecho si, y sólo si, pertenece al conjunto del lado izquierdo de la igualdad.

Tenemos que, por la definición de *complemento*, $x \in (A \cup B)^c$ si y sólo si $x \notin A \cup B$; esto sucede, por la definición de *unión*, si, y sólo si, x no está en A ni en B, es decir, si y sólo si $x \notin A$ **y** $x \notin B$; por la definición de complemento, se tendrá lo anterior si y sólo si $x \in A^c$ y $x \in B^c$, y por la definición de *intersección*, esto sucede si y sólo si $x \in A^c \cap B^c$, lo cual completa la demostración.

Simbólicamente podemos escribir esta demostración como sigue:

$$x \in (A \cup B)^c \Leftrightarrow x \notin A \cup B,$$
$$\Leftrightarrow x \notin A \text{ y } x \notin B,$$
$$\Leftrightarrow x \in A^c \text{ y } x \in B^c,$$
$$\Leftrightarrow x \in A^c \cap B^c.$$

Solución 1.15

Para demostrar que los conjuntos $A \setminus B$ y $B \setminus A$ son *ajenos* tenemos que demostrar que su intersección es el conjunto vacío.

Por la Propiedad 1.11 de la página 27 tenemos que

$$(A \setminus B) \cap (B \setminus A) = (A \cap B^c) \cap (B \cap A^c),$$

como la intersección es una operación asociativa,

$$= A \cap (B^c \cap (B \cap A^c)),$$

asociando de nuevo,

$$= A \cap ((B^c \cap B) \cap A^c),$$

pero $B^c \cap B = \emptyset$, entonces

$$= A \cap (\emptyset \cap A^c),$$
$$= A \cap \emptyset$$
$$= \emptyset.$$

Es decir, los conjuntos $A \setminus B$ y $B \setminus A$ son *ajenos*.

Solución 1.16

Que los conjuntos A, B y C no sean *ajenos dos a dos* significa que la intersección entre cualesquiera dos de ellos es distinta del vacío, es decir que los tres conjuntos se intersecan entre sí. En la figura vemos sombreada en dos colores la parte $A \setminus B$ y *de ella* quitamos el sombreado más claro que corresponde a los puntos en C.

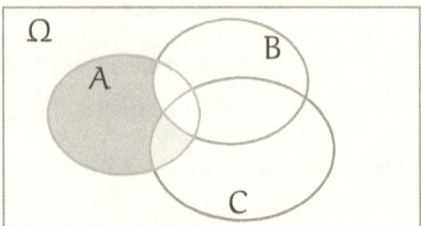

El sombreado obscuro representa los puntos de $A \setminus B$ que no están en C.

Ahora bien, si aplicamos las Propiedad 1.11 de la página 27 al conjunto $(A \setminus B) \setminus C$, obtenemos

$$(A \setminus B) \setminus C = (A \setminus B) \cap C^c,$$

aplicando de nuevo la propiedad mencionada,

$$= (A \cap B^c) \cap C^c,$$

como la intersección es una operación asociativa,

$$= A \cap (B^c \cap C^c),$$

aplicamos las leyes de DE MORGAN y obtenemos una primera expresión

$$(A \setminus B) \setminus C = A \cap (B \cup C)^c.$$

Y, por la definición de diferencia, el lado derecho se transforma en

$$(A \setminus B) \setminus C = A \setminus (B \cup C).$$

¿Puedes ubicar estas dos expresiones en el diagrama?

Solución 1.17

En la Propiedad 1.12 de la página 28 demostramos que

$$A \triangle B = (A \cup B) \cap (A \cap B)^c.$$

Analizando el lado derecho de la igualdad vemos que, por la definición de intersección,

$$x \in (A \cup B) \cap (A \cap B)^c \Leftrightarrow x \in (A \cup B) \text{ y } x \in (A \cap B)^c,$$

por la definición de complemento tenemos que lo anterior sucede

$$\Leftrightarrow x \in A \cup B \text{ y } x \notin A \cap B$$

y finalmente, por la definición de diferencia,

$$\Leftrightarrow x \in (A \cup B) \setminus (A \cap B),$$

es decir
$$(A \cup B) \cap (A \cap B)^c = (A \cup B) \setminus (A \cap B),$$
concluimos que
$$A \triangle B = (A \cup B) \setminus (A \cap B).$$

Solución 1.18

Para la primera parte
$$(A \setminus C) \cup (B \setminus C) = (A \cap C^c) \cup (B \cap C^c)$$
$$= (A \cup B) \cap C^c$$
$$= (A \cup B) \setminus C.$$

Para la segunda parte aplicamos la definición de diferencia en el lado izquierdo y obtenemos

$$(A \setminus C) \cup (B \setminus C) = (A \cap B^c) \cup (B \cap A^c),$$
distribuimos el primer paréntesis en el segundo
$$= [(A \cap B^c) \cup B] \cap [(A \cap B^c) \cup A^c],$$
realizamos las operaciones dentro de cada paréntesis cuadrado
$$= [(A \cup B) \cap (B^c \cup B)] \cap [(A \cup A^c) \cap (A^c \cup B^c)],$$
sabemos que $B \cup B^c = A \cup A^c = \Omega$,
$$= [(A \cup B) \cap \Omega] \cap [\Omega \cap (A^c \cup B^c)],$$
y que $\Omega \cap X = X$,
$$= (A \cup B) \cap (A^c \cup B^c),$$
aplicamos las leyes de De Morgan y obtenemos
$$= (A \cup B) \cap (A \cap B)^c.$$
Por la definición de diferencia, finalmente,
$$= (A \cup B) \setminus (A \cap B).$$

Solución 1.19

La primera, por la definición de diferencia
$$A \cup (B \setminus A) = A \cup (B \cap A^c),$$
$$= (A \cup B) \cap (A \cup A^c),$$
pero $A \cup A^c = \Omega$,

$$= (A \cup B) \cap \Omega$$
$$= (A \cup B).$$

Para la segunda tenemos que

$$A \cap (B \setminus A) = A \cap (B \cap A^c)$$
$$= A \cap A^c \cap B$$
$$= \emptyset \cap B$$
$$= \emptyset.$$

Solución 2.1

Los números naturales son los que usamos para contar, el conjunto de los números naturales lo denotamos con $\mathbb{N}$ y lo listamos como

$$\mathbb{N} = \{1, 2, 3, 4, \ldots\}.$$

Los números *primos* son números naturales que sólo son divisibles entre sí mismos y la unidad, como 2, 3, 5, 7, *etc.*

La conjetura dice que para cualquier $n \in \mathbb{N}$, $8n - 1$ u $8n + 1$ es primo. Veamos qué sucede para $n = 1$, $8 \times 1 = 8$, veamos ahora $8 - 1 = 7$ y $8 + 1 = 9$, ¿alguno es primo? Sí, el 7 lo es. Bien, ahora para $n = 2$, $8 \times 2 = 16$, analicemos $16 - 1 = 15$ y $16 + 1 = 17$, ¿alguno es primo? Sí, el 17 lo es.

Hagamos una tabla para ver si detectamos un patrón o si aparece un contraejemplo.

n	8n	8n − 1	8n + 1
1	8	7	9
2	16	15	17
3	24	23	25
4	32	31	33
5	40	39	41
6	48	47	49
7	56	55	59

Todo iba muy bien hasta $n = 6$, pero para $n = 7$, $8 \times 7 = 56$, y ni el $55 = 5 \times 11$ ni $57 = 3 \times 19$ son primos.

Luego $n = 7$ es un contraejemplo para la conjetura propuesta, misma que es falsa.

Solución a los problemas

Solución 2.2

Primero veamos el valor de verdad de las proposiciones p y q.

p: 2016 es año bisiesto. Es verdadera, en 2016 se añadió el 29 de febrero.

q: Nunca llueve en Lima. Es falsa, si bien es cierto que en Lima hay más humedad y las lluvias son escasas, cuando se presenta el fenómeno de El Niño[5], hay precipitación pluvial en Lima.

Ahora procedamos con las descripciones pedidas,

¬p: 2016 no es año bisiesto. Es falsa pues p es verdadera.

¬q: A veces llueve en Lima. Es verdadera pues q es falsa. Nota que la negación de *nunca* es *a veces* o *al menos una vez*. Es **equivocada** la creencia que la negación de *nunca* es *siempre*.

p ∧ ¬q: 2016 es año bisiesto y a veces llueve en Lima. Es verdadera pues p es verdadera y ¬q es verdadera.

p ∨ q: 2016 es año bisiesto o nunca llueve en Lima. Es verdadera pues al menos p es verdadera.

p $\veebar$ q: Una de dos, 2016 es año bisiesto o nunca llueve en Lima. Según la Tabla anterior al Ejemplo 2.9 de la página 41, como p es verdadera y q es falsa, la proposición p $\veebar$ q es verdadera.

Solución 2.3

Para demostrar que la disyunción en proposiciones es asociativa, es decir que $(p \vee q) \vee r \equiv p \vee (q \vee r)$, tenemos que verificar que sus tablas de verdad son iguales, de acuerdo con la Definición 2.6. Así, construyamos primero la tabla de verdad de $(p \vee q) \vee r$,

p	q	r	p ∨ q	(p ∨ q) ∨ r
V	V	V	V	V
V	V	F	V	V
V	F	V	V	V
V	F	F	V	V
F	V	V	V	V
F	V	F	V	V
F	F	V	F	V
F	F	F	F	F

---

[5] Ver El Niño en Wikipedia.

y a continuación la tabla de verdad de p ∨ (q ∨ r)

p	q	r	q ∨ r	p ∨ (q ∨ r)
V	V	V	V	V
V	V	F	V	V
V	F	V	V	V
V	F	F	F	V
F	V	V	V	V
F	V	F	V	V
F	F	V	V	V
F	F	F	F	F

la última columna es igual en ambas tablas.

SOLUCIÓN 2.4

Para demostrar que p ∨ (q ∧ r) ≡ (p ∨ q) ∧ (p ∨ r), construimos la tabla de verdad de cada expresión a los lados del signo de equivalencia, construimos primero la tabla del lado izquierdo p ∨ (q ∧ r),

p	q	r	q ∧ r	p ∨ (q ∧ r)
V	V	V	V	V
V	V	F	F	V
V	F	V	F	V
V	F	F	F	V
F	V	V	V	V
F	V	F	F	F
F	F	V	F	F
F	F	F	F	F

y la tabla del lado derecho (p ∨ q) ∧ (p ∨ r),

p	q	r	p ∨ q	p ∨ r	(p ∨ q) ∧ (p ∨ r)
V	V	V	V	V	V
V	V	F	V	V	V
V	F	V	V	V	V
V	F	F	V	V	V
F	V	V	V	V	V
F	V	F	V	F	F
F	F	V	F	V	F
F	F	F	F	F	F

Los valores de la última columna de cada tabla son iguales.

Solución 2.5
La tabla de verdad de $(p \vee q) \wedge q$ es

p	q	$p \vee q$	$(p \vee q) \wedge q$
V	V	V	V
V	F	V	F
F	V	V	V
F	F	F	F

Los valores de verdad de la cuarta columna, que corresponden a $(p \vee q) \wedge q$ son iguales a los valores de verdad de la segunda columna, que corresponden a q por lo cual las proposiciones son equivalentes.

Solución 2.6
Construimos la tabla de verdad para ambos lados de la equivalencia del inciso 2 del Teorema 2.3, $\neg(p \vee q) \equiv \neg p \wedge \neg q$, primero el lado izquierdo,

p	q	$p \vee q$	$\neg(p \vee q)$
V	V	V	F
V	F	V	F
F	V	V	F
F	F	F	V

después el lado derecho,

p	q	$\neg p$	$\neg q$	$\neg p \wedge \neg q$
V	V	F	F	F
V	F	F	V	F
F	V	V	F	F
F	F	V	V	V

Los valores de verdad de la última columna de cada tabla son iguales y por lo tanto queda demostrada la segunda Ley de DE MORGAN para proposiciones.

Solución 2.7
Comenzamos por el lado derecho de la equivalencia, aplicamos la Ley de DE MORGAN (¿cuál?) y la doble negación, obtenemos

$$\neg(\neg p \wedge \neg q) \equiv \neg(\neg p) \vee \neg(\neg q)$$
$$\equiv p \vee q$$

Solución 2.8

Las proposiciones son

> p: Estás en Bolivia,
>
> q: Estás en América (el continente americano).

Implicación $p \to q$: "Si estás en Bolivia entonces estás en América"; es una proposición verdadera.

Recíproca $q \to p$: "Si estás en América entonces estás en Bolivia"; es falsa, en América hay otros países además de Bolivia.

Inversa $\neg p \to \neg q$: "No estás en Bolivia, entonces no estás en América"; es falsa, podría estar en cualquier otro país de América.

Contrapositiva $\neg q \to \neg p$: "No estás en América, luego no estás en Bolivia"; es verdadera, no estar en el continente americano impide estar en Bolivia.

Solución 2.9

Expresamos simbólicamente las proposiciones

1. Si hace calor entonces, si no llueve voy a la playa,
2. Si no voy a la playa, entonces si hace calor, llueve,

como en el Ejemplo 2.18 de la página 53:

> p: Voy a la playa,
>
> q: Hace calor,
>
> r: Llueve.

La segunda parte de la primera proposición *si no llueve voy a la playa* la representamos como $\neg r \to p$, y toda la primera proposición queda como

Si hace calor entonces, si no llueve voy a la playa: $q \to (\neg r \to p)$.

De manera análoga representamos la segunda proposición

Si no voy a la playa, entonces si hace calor, llueve: $\neg p \to (q \to r)$.

Hay que demostrar que

$$q \to (\neg r \to p) \equiv \neg p \to (q \to r).$$

Comenzamos con el lado izquierdo, por la definición de implicación

$$q \to (\neg r \to p) \equiv \neg q \vee (\neg r \to p),$$

aplicando de nuevo la definición de implicación dentro del paréntesis

$$\equiv \neg q \vee (\neg\neg r \vee p),$$

por las leyes de De Morgan

$$\equiv \neg q \vee (r \vee p),$$

reordenamos por medio de la asociatividad y conmutatividad

$$\equiv p \vee \neg q \vee r.$$

por la definición de implicación

$$\equiv p \vee (q \to r),$$

y de nuevo por la definición de implicación

$$\equiv \neg p \to (q \to r).$$

Solución 2.10

Aplicamos la definición de implicación

$$\neg(p \to (\neg q \wedge r)) \equiv \neg(\neg p \vee (\neg q \wedge r)),$$

por las leyes de De Morgan

$$\equiv p \wedge \neg(\neg q \wedge r),$$

aplicando de nuevo De Morgan

$$\equiv p \wedge (q \vee \neg r),$$

por conmutatividad

$$\equiv p \wedge (\neg r \vee q),$$

y por la definición de implicación

$$\equiv p \wedge (r \to q).$$

Solución 3.1

Para demostrar que $\neg(p \vee \neg q) \to \neg p$ es una tautología, hagámoslo en varios pasos, en una primera tabla colocamos los valores de p, q, $\neg p$, $\neg q$ y $p \vee \neg q$,

p	q	$\neg p$	$\neg q$	$p \vee \neg q$
V	V	F	F	V
V	F	F	V	V
F	V	V	F	F
F	F	V	V	V

A continuación construimos la tabla para p, q, ¬(p ∨ ¬q), ¬p y, finalmente, ¬(p ∨ ¬q) → ¬p.

p	q	¬(p ∨ ¬q)	¬p	¬(p ∨ ¬q) → ¬p
V	V	F	F	V
V	F	F	F	V
F	V	V	V	V
F	F	F	V	V

Vemos que todos los valores de verdad de ¬(p ∨ ¬q) → ¬p son verdaderos, independientemente de los valores de p y q, luego la proposición es una tautología.

Solución 3.2

Para verificar que (p ∧ ¬q) → ¬p **no** es una tautología construimos su tabla de verdad,

p	q	p ∧ ¬q	(p ∧ ¬q) → ¬p
V	V	F	V
V	F	V	F
F	V	F	V
F	F	F	V

Vemos en el segundo renglón, que el valor de (p ∧ ¬q) → ¬p es F, luego no es una tautología.

Solución 3.3

Construimos la tabla de verdad de (¬p ∧ ¬q) → (p ∨ q),

p	q	¬p ∧ ¬q	p ∨ q	(¬p ∧ ¬q) → (p ∨ q)
V	V	F	V	V
V	F	F	V	V
F	V	F	V	V
F	F	V	F	F

Vemos que no es una tautología pues no todos los valores en la última columna son V. Tampoco es una contradicción pues no todos los valores de la última columna son F.

Solución 3.4

Construimos la tabla de verdad de $(\neg p \wedge q) \rightarrow \neg(p \wedge q)$

p	q	$\neg p \wedge q$	$\neg(p \wedge q)$	$(\neg p \wedge q) \rightarrow \neg(p \wedge q)$
V	V	F	F	V
V	F	F	V	V
F	V	V	V	V
F	F	F	V	V

Todos los valores de la última columna son V, luego la proposición es una tautología.

Solución 3.5

Para demostrar que $[(\neg p \rightarrow \neg q) \wedge q] \rightarrow p$ es una implicación lógica hay que demostrar que es una tautología. Construimos su tabla de verdad.

p	q	$\neg p \rightarrow \neg q$	$(\neg p \rightarrow \neg q) \wedge q$	$[(\neg p \rightarrow \neg q) \wedge q] \rightarrow p$
V	V	V	V	V
V	F	V	F	V
F	V	F	F	V
F	F	V	F	V

Vemos que todos los valores de la última columna son V por lo tanto se trata de una tautología, la implicación lógica se escribe

$$[(\neg p \rightarrow \neg q) \wedge q] \Rightarrow p$$

donde $(\neg p \rightarrow \neg q) \wedge q$ es la hipótesis y p es la conclusión.

Solución 4.1

El universo es

$$\Omega = \{\text{lunes, martes, miércoles, jueves, viernes, sábado, domingo}\}$$

Primero veamos cuáles son los conjuntos de verdad de las proposiciones p, q, r y s.

$$A = \{x \in \Omega \mid p(x)\} = \{\text{martes, miércoles}\},$$
$$B = \{x \in \Omega \mid q(x)\} = \{\text{miércoles}\},$$
$$C = \{x \in \Omega \mid r(x)\} = \{\text{martes, sábado}\},$$
$$D = \{x \in \Omega \mid s(x)\} = \emptyset.$$

El conjunto de verdad de ¬p, por la Propiedad 4.1 de la página 70, es $A^c = \{$ lunes, jueves, viernes, sábado, domingo $\}$.

De manera análoga, el conjunto de verdad de ¬r es

$$C^c = \{ \text{lunes, miércoles, jueves, domingo} \}.$$

El conjunto de verdad de p ∧ r, por la Propiedad 4.2 de la página 70, es $A \cap C = \{$ martes $\}$.

De manera análoga, el conjunto de verdad de q ∨ s es $B \cup D = B \cup \emptyset = B$.

Finalmente, el conjunto de verdad de p $\veebar$ q es, por definición $A \triangle B = (A \cup B) \setminus (A \cap B) = \{$ martes $\}$.

Solución 4.2

Usamos el cuantificador universal ∀,

$$A^c: \quad \forall x \in A^c, x \notin A.$$
$$A \cap B: \quad \forall x \in A \cap B, x \in A \text{ y } x \in B.$$
$$B \setminus A: \quad \forall x \in B \setminus A, x \in B \text{ y } x \notin A.$$

Solución 4.3

1. La afirmación "Para toda x se cumple que no es cierto que p(x)" se escribe simbólicamente

$$\forall x, \neg p(x).$$

La negación de *para todo sí* es *existe alguno que no*. Luego la negación de la afirmación es

Existe x tal que no es cierto que ¬p(x).

Lo cual es equivalente a

Existe x tal que p(x).

Es decir, la negación de "Para toda x se cumple que no es cierto que p(x)" es "Existe x tal que p(x)", que se escribe

$$\exists x \mid p(x).$$

2. La afirmación "No existe x que cumpla p(x)" se escribe

$$\neg [\exists x \mid p(x)].$$

La negación de la afirmación anterior es

$$\neg\neg[\exists x \mid p(x)] \equiv \neg[\forall x, \neg p(x)]$$
$$\equiv \exists x \mid \neg\neg p(x)$$
$$\equiv \exists x \mid p(x).$$

(Pues claro, la negación de *no* existe es *sí* existe.)

Solución 4.4

Para escribir simbólicamente la proposición *Ningún huracán tocó tierra*, sean las proposiciones

$h(x)$: x es un huracán,

$t(x)$: x tocó tierra.

Simbólicamente
$$\forall x, \neg[p(x) \land q(x)],$$

o

$$\neg[\exists x \mid h(x) \land t(x)].$$

Si H es el conjunto de verdad de h y T es el de t, escribimos

$$\neg[\exists x \mid x \in H \cap T].$$

Solución 4.5

La expresión $A \subset B$ significa que A es un *subconjunto propio de* B. Según la Definición 1.5 de la página 11, para que A sea subconjunto propio de B se debe cumplir primero que $A \subseteq B$ y además debe existir $x \in B$ tal que $x \notin A$. Para construir el diagrama de Venn hemos de identificar las regiones *vacías* para sombrearlas.

Como $A \subseteq B$, la región $A\overline{B}$ estará vacía pues **no hay** A *que no sean* B.

Como existe $x \in B$ tal que $x \notin A$ hay que poner una marca $+$ en la región $\overline{A}B$.

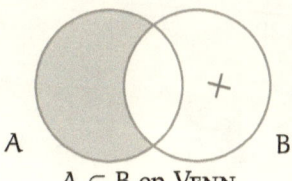

$A \subset B$ en Venn

Solución a los problemas

Solución 4.6

EAE-2. CESARE. *Ningún P es M, todo S es M; luego ningún S es P.*
Si $P \cap M = \emptyset$ y $S \subseteq M$, entonces $S \cap P = \emptyset$.

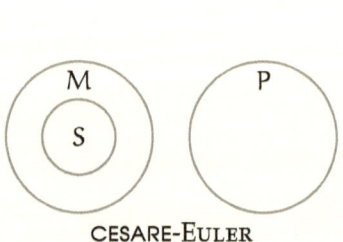
CESARE-EULER

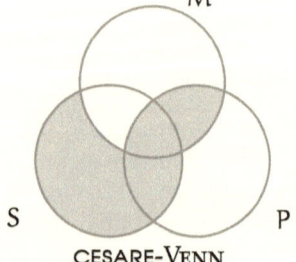
CESARE-VENN

Solución 4.7

AEE. CAMESTRE. *Todo P es M, ningún S es M; luego ningún S es P.*
Si $P \subseteq M$ y $S \cap M = \emptyset$, entonces $S \cap P = \emptyset$.

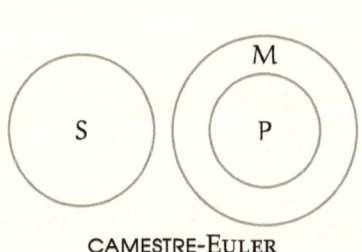
CAMESTRE-EULER

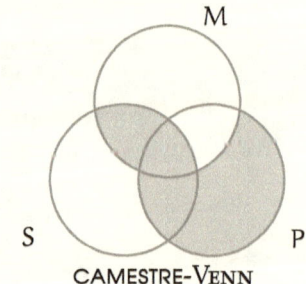
CAMESTRE-VENN

Solución 4.8

EIO-2. FESTINO. *Ningún P es M, algún S es M; luego algún S no es P.*
Si $P \cap M = \emptyset$ y $S \cap M \neq \emptyset$, entonces $S \cap P^c \neq \emptyset$.

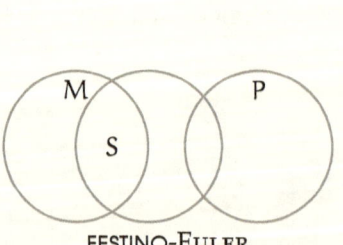
FESTINO-EULER

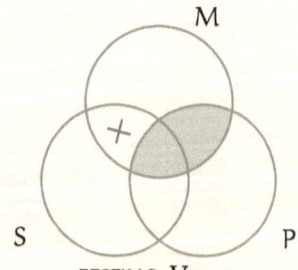
FESTINO-VENN

Solución 4.9

En lenguaje de conjuntos la expresión *Ningún P es M, todo S es M* se escribe

$$P \cap M = \emptyset \quad y \quad S \subseteq M.$$

Las hipótesis son que P y M son *ajenos* y que S está contenido en M. Si $x \in S$ entonces $x \in M$ y por lo tanto $x \notin P$, luego la conclusión es que $S \cap P = \emptyset$.

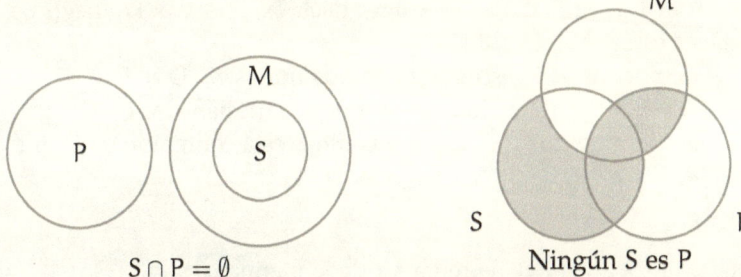

Ningún P es M, todo S es M; luego ningún S es P.

Al expresar las hipótesis en un diagrama de VENN, ubicamos la región $SM\overline{P}$ que nos indica que *todo S no es P*, o, en el marco de las hipótesis planteadas, *ningún S es P*.

Solución 4.10

En lenguaje de conjuntos la expresión *Algún P es M, todo M es S* se escribe

$$P \cap M \neq \emptyset \quad y \quad M \subseteq S.$$

Las hipótesis son que P y M *no* son ajenos y que M es un subconjunto de S. Sea $x \in P \cap M$, entonces $x \in P$ y $x \in M$, es decir $x \in S$, luego $P \cap S \neq vacio$.

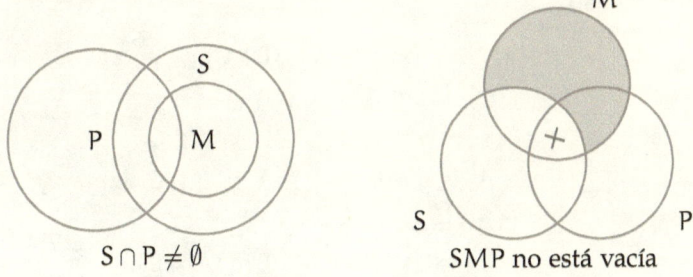

Algún P es M, todo M es S; luego algún S es P.

El diagrama de VENN nos indica que la región SMP no está vacía, entonces la conclusión es *algún S es P*.

Solución a los problemas

Solución 5.1

Se trata de dos afirmaciones, si $A \times B \neq \emptyset$,

1. $A \times B \subseteq C \times D \Rightarrow A \subseteq C$ y $B \subseteq D$,

2. $A \subseteq C$ y $B \subseteq D \Rightarrow A \times B \subseteq C \times D$.

Como $A \times B \neq \emptyset$ entonces $A \neq \emptyset$ y $B \neq \emptyset$.

Para demostrar el inciso 1 supongamos que $A \times B \subseteq C \times D$. Sean $x \in A$ y $y \in B$, luego $(x,y) \in A \times B$, es decir $(x,y) \in C \times D$, luego $x \in C$ y $y \in D$; es decir, $A \subseteq D$ y $B \subseteq D$.

Para demostrar el inciso 2 suponemos que $A \subseteq D$ y $B \subseteq D$, y sea $(x,y) \in A \times B$. Por definición de producto cartesiano, $x \in A$ y $y \in B$, como A está contenido en C, $x \in C$ y como B está contenido en D, $y \in D$, así $(x,y) \in C \times D$; es decir $A \times B \subseteq C \times D$.

Solución 5.2

La propiedades 2 y 3 del Teorema 5.1 de la página 99 son,

2. $A \times (B \cup C) = (A \times B) \cup (A \times C)$,

3. $A \times (B \setminus C) = (A \times B) \setminus (A \times C)$.

Para la propiedad 2,

$$(x,y) \in A \times (B \cup C)$$
$$\Leftrightarrow x \in A \text{ y } y \in B \cup C$$
$$\Leftrightarrow x \in A \text{ y, } y \in B \text{ o } y \in C$$
$$\Leftrightarrow x \in A \text{ y } y \in B \text{ o } x \in A \text{ y } y \in C$$
$$\Leftrightarrow (x,y) \in A \times B \text{ o } (x,y) \in A \times C$$
$$\Leftrightarrow (x,y) \in (A \times B) \cup (A \times C).$$

Para la propiedad 3,

$$(x,y) \in A \times (B \setminus C)$$
$$\Leftrightarrow x \in A \text{ y } y \in B \setminus C$$
$$\Leftrightarrow x \in A \text{ y } y \in B \text{ y } y \notin C$$
$$\Leftrightarrow x \in A \text{ y } y \in B, \text{ y } x \in A \text{ y } y \notin C$$
$$\Leftrightarrow (x,y) \in A \times B \text{ y } (x,y) \notin A \times C$$
$$\Leftrightarrow (x,y) \in (A \times B) \setminus (A \times C).$$

Solución 5.3

Demostremos primero el inciso 2 de la Propiedad 5.3.

$$(x,y) \in (A \times B) \cup (C \times D)$$
$$\Rightarrow (x,y) \in A \times B \text{ o } (x,y) \in C \times D$$
$$\Rightarrow x \in A \text{ y } y \in B, \text{ o } x \in C \text{ y } y \in D$$
$$\Rightarrow x \in A \text{ o } x \in C, \text{ y } y \in B \text{ o } y \in D$$
$$\Rightarrow x \in A \cup C \text{ y } y \in B \cup D$$
$$\Rightarrow x \in (A \cup C) \times (B \cup D).$$

Ahora un contraejemplo para la igualdad. Sean $A = \{a, b\}$, $C = \{c, d\}$; $B = \{r, s\}$, $D = \{t, u\}$.

$$(A \times B) \cup (C \times D) = \{(a,r),(a,s),(b,r),(b,s)\} \cup \{(c,t),(c,u),(d,t),(d,u)\}$$
$$= \{(a,r),(a,s),(b,r),(b,s),(c,t),(c,u),(d,t),(d,u)\}$$
$$(A \cup C) \times (B \cup D) = \{a,b,c,d\} \times \{r,s,t,u\}$$
$$= \{(a,r),(a,s),(a,t),(a,u),(b,r),(b,s),(b,t),(b,u),\ldots\}.$$

Solución 5.4

Para establecer la igualdad,

$$(x,y) \in (X \times Y) \setminus (A \times B)$$
$$\Leftrightarrow (x,y) \in (X \times Y) \text{ y } (x,y) \notin (A \times B)$$
$$\Leftrightarrow x \in X \text{ y } y \in Y, \text{ y } x \notin A \text{ o } y \notin B$$
$$\Leftrightarrow x \in X \text{ y } x \notin A \text{ y } y \in Y \text{ o } x \in X \text{ y } y \in Y \text{ y } y \notin B$$
$$\Leftrightarrow x \in X \setminus A \text{ y } y \in Y \text{ o } x \in X \text{ y } y \in Y \setminus B$$
$$\Leftrightarrow (x,y) \in (X \setminus A) \times Y \text{ o } (x,y) \in X \times (Y \setminus B)$$
$$\Leftrightarrow (x,y) \in \big((X \setminus A) \times Y\big) \cup \big(X \times (Y \setminus B)\big).$$

Solución 6.1

Se trata de una igualdad de conjuntos, para demostrarla sea $z \in [g \circ f](A)$;

$$z \in [g \circ f](A) \Rightarrow z = [g \circ f](x), \text{ para alguna } x \in A,$$
$$\Rightarrow f(x) \in f(A),$$
$$\Rightarrow g[f(x)] \in g[f(A)],$$

pero $z = [g \circ f](x) = g[f(x)]$, es decir $z \in g[f(A)]$. Hemos demostrado que $[g \circ f](A) \subseteq g[f(A)]$.

Ahora sea $z \in g[f(A)]$;

$$z \in g[f(A)] \Rightarrow z = g(y), \text{ para alguna } y \in f(A),$$
$$\Rightarrow y = f(x), \text{ para alguna } x \in A,$$

es decir, $z = g[f(x)]$ para alguna $x \in A$; pero $z = g[f(x)] = [g \circ f](x)$ para alguna $x \in A$, es decir $z \in [g \circ f](A)$. Luego $g[f(A)] \subseteq [g \circ f](A)$.

Solución 6.2

Respecto a la Pregunta 6.2 de la página 126, se trata de una función con dominio $\emptyset$ y contradominio $B \neq \emptyset$. Por definición la gráfica de la función es un subconjunto del producto cartesiano $\emptyset \times B$, que, por la Propiedad 5.1 de la página 99, es igual al $\emptyset$. Por lo tanto la gráfica de la función es el conjunto vacío.

Por un razonamiento análogo, la gráfica de la función correspondiente a la Pregunta 6.3 también es el conjunto vacío.

Solución 6.3

Si $A = \{a, b, c\}$ y $B = \{d, e\}$, sea la función f dada por la tabla

x	f(x)
a	r
b	s
c	t
d	s
e	u

Tenemos que $f(A) = \{r, s, t\}$ y $f(B) = \{s, u\}$, luego $f(A) \cap f(B) = \{s\}$. Pero $A \cap B = \emptyset$ y $f(\emptyset) = \emptyset$, luego no se cumple la igualdad.

Solución 6.4

Supongamos que $f(A \cap B) = f(A) \cap f(B)$ y sean x y y dos elementos en el dominio de f tales que $f(x) = f(y) = z$. Si $x \neq y$, tendríamos que $f(\{x\} \cap \{y\}) = f(\emptyset) = \emptyset$, pero $f(\{x\}) \cap f(\{y\}) = \{z\}$, entonces no es posible que $x \neq y$; por lo tanto $x = y$ y f es inyectiva.

Supongamos ahora que f es inyectiva. Sabemos que $f(A \cap B) \subseteq f(A) \cap f(B)$, queda por demostrar que $f(A) \cap f(B) \subseteq f(A \cap B)$. Para ello, sea $y \in f(A) \cap f(B)$, esto implica que $y \in f(A)$ y $y \in f(B)$ es decir, existe $x_1 \in A$ tal que $f(x_1) = y$ y existe $x_2 \in B$ tal que $f(x_2) = y$. Como f es inyectiva tenemos que $x_1 = x_2$, llamémosle x; así, $x \in A$ y $x \in B$ por lo tanto $x \in A \cap B$ y en consecuencia $f(x) \in f(A \cap B)$, es decir $y \in f(A \cap B)$, lo cual demuestra la contención y con ello la igualdad deseada.

Solución a los problemas

Solución 6.5

Supongamos que $f(A \setminus B) = f(A) \setminus f(B)$ y sean $x, y \in X$ tales que $f(x) = f(y) = z$. Si $x \neq y$, entonces $\{x\} \setminus \{y\} = \{x\}$ y $f(\{x\}) = z$, pero por hipótesis

$$f(\{x\} \setminus \{y\}) = f(\{x\}) \setminus f(\{y\})$$
$$= \{z\} \setminus \{z\}$$
$$= \emptyset.$$

Luego es imposible que $x \neq y$, es decir f es inyectiva.

Supongamos ahora que f es inyectiva. Por el inciso 3 de la Propiedad 6.3 ya sabemos que $f(A \setminus B) \subseteq f(A) \setminus f(B)$, para mostrar la otra contención sea

$$y \in f(A) \setminus f(B) \Rightarrow y \in f(A) \text{ y } y \notin f(B)$$
$$\Rightarrow \exists x \in X \text{ única, tal que } f(x) = y, x \in A \text{ y } x \notin B$$
$$\Rightarrow x \in A \setminus B$$
$$\Rightarrow f(x) \in f(A \setminus B)$$
$$\Rightarrow y \in f(A \setminus B).$$

Queda demostrado que $f(A) \setminus f(B) \subseteq f(A \setminus B)$ y con ello la igualdad.

Solución 6.6

La hipótesis es que $f \colon X \to Y$ es una función y C y D son subconjuntos de Y tales que $C \subseteq D$. Para demostrar que $f^{-1}(C) \subseteq f^{-1}(D)$, sea

$$x \in f^{-1}(C) \Rightarrow f(x) \in C,$$

como $C \subseteq D$,

$$\Rightarrow f(x) \in D,$$
$$\Rightarrow x \in f^{-1}(D).$$

Solución 6.7

Para el primer inciso puedes adaptar la demostración del primer inciso de la Propiedad 6.5

Para el segundo inciso, sea $B \subseteq X$ tal que B no esté contenido completamente en la imagen de la función, es decir que $B \setminus f(X) \neq \emptyset$. Así, $f[f^{-1}(B)]$ será la *parte* de B contenida en la *imagen* de f, no será todo B y no se dará la igualdad.

Bibliografía

ARISTÓTELES. *Tratados de Lógica. Organon.* Vol. 1.
  Biblioteca Clásica Gredos, v. 51, 1982. ISBN: 978-8424902322.
  URL: http://www.editorialgredos.com/biblioteca%5C_clasica%5C_gredos/%5C_cf%5C_tratados%5C_logica%5C_organon.
— *Tratados de Lógica. Organon.* Vol. 2.
  Biblioteca Clásica Gredos, v. 115, 1988. ISBN: 978-8424912888.
  URL: http://www.editorialgredos.com/biblioteca_clasica_gredos/%5C_d0%5C_tratados%5C_logica%5C_organon.
BILLSTEIN, Rick, Shlomo LIBESKIND y Johnny W. LOTT. *MATEMÁTICAS: Un enfoque de resolución de problemas para maestros de educación básica.*
  Trad. por Manuel LÓPEZ MATEOS.
  México: López Mateos Editores, 2012. ISBN: 978-6079558321.
  URL: https://tienda.lopezmateos.com.mx.
BOOLE, George. *The Mathematical Analysis of Logic, Being an Essay Towards a Calculus of Deductive Reasoning.*
  Cambridge: Macmillan, Barclay, & Macmillan, 1847.
  URL: https://ia801400.us.archive.org/22/items/mathematicalanal00booluoft/mathematicalanal00booluoft.pdf.
CANTOR, George.
  «Beiträge zur Begründung der transfiniten Mengenlehre».
  En: *Mathematische Annalen* XLVI (1895), págs. 481-512.
  URL: https://www.deutsche-digitale-bibliothek.de/item/VISD6WP3PE3WUQ77PGO6DCHG5IEUSVVE.
— *Contributions to the Founding of the Theory of Transfinite Numbers).*
  Dover Publications, 1915.
  URL: https://archive.org/details/contributionstot003626mbp.
CENEVAL. *Guía del examen nacional de ingreso al posgrado 2016 (EXANI-III).*
  México: Ceneval, 2015. URL: http://archivos.ceneval.edu.mx/archivos_portal/20015/GuiaEXANI-III2016.pdf.

COPI, Irving M., Carl COHEN y Kenneth MCMAHON. *Introduction to Logic*.
Pearson New International Edition, 2013. ISBN: 978-1292024820.
DEDEKIND, Richard. *Was sind und was sollen die Zahlen?*
Drud und Berlag von Friedrich Biemeg und Sohn, 1893.
URL: https://archive.org/details/wassindundwasso00dedegoog.
— *Essays on the Theory of Numbers*.
The Open Court Publishing Company, 1901.
URL: http://www.gutenberg.org/files/21016/21016-pdf.pdf?
session_id=3097749e530d228ae420b93484afbdcc69b2191f.
— *¿Qué son y para qué sirven los números?* Alianza Editorial, 2014.
ISBN: 978-8420678580. URL: http://www.alianzaeditorial.es/
libro.php?id=3265227&id_col=100508&id_subcol=100510.
DIEUDONNÉ, Jean. *Foundations of Modern Analysis*. Academic Press, 1960.
URL: https://ia700808.us.archive.org/28/items/
FoundationsOfModernAnalysis_578/Dieudonne-
FoundationsOfModernAnalysis_text.pdf.
DUGUNDJI, James. *Topology*. Allyn y Bacon Inc., 1966.
EULER, Leonhard. *Lettres à une princesse d'Allemagne sur divers sujets de physique et de philosophie. Tome second.* Mietau et Leipsic, 1770.
URL: http://www.e-rara.ch/doi/10.3931/e-rara-8642.
GRIMALDI, Ralph P.
Discrete and Combinatorial Mathematics. An Applied Introduction. Fifth.
Pearson, 2004. ISBN: 978-0201726343. URL:
http://www.pearsonhighered.com/educator/product/Discrete-
and-Combinatorial-Mathematics/9780201726343.page.
HILBERT, David. *Grundlagen der Geometrie*.
Leipzig: Druck und Verlag von B. G. Teubner, 1903.
URL: https://archive.org/details/grunddergeovon00hilbrich.
— «Über das Unendliche».
En: *Mathematische Annalen* 95 (1926), págs. 161-190.
URL: https://eudml.org/doc/159124.
HURLEY, Patrick J. *Concise Introduction to Logic*. Twelfth.
Cengage Learning, 2015. ISBN: 978-1285196541. URL:
https://www.cengagebrain.com.mx/shop/search/9781285196541.
KATZ, Victor J. *A History of Mathematics*. Third. Addison-Wesley, 2009.
ISBN: 978-0321387004. URL:
http://www.pearsonhighered.com/educator/product/History-
of-Mathematics-A/9780321387004.page.
KLINE, Morris. *Mathematical Thought from Ancient to Modern Times*. Vol. 3.
Oxford University Press, 1990. ISBN: 978-0195061376.
URL: https://global.oup.com/academic/product/mathematical-

thought-from-ancient-to-modern-times-volume-3-
9780195061376?q=kline%5C%20morris&lang=en&cc=mx.

LEIBNIZ, Wilhelm von. «de Formæ Logicæ comprobatione per linearum ductus, PHIL., VII, B, IV, 1-2».
En: *Opuscules et fragments inédits de Leibniz* (1903), pág. 292.
URL: https://archive.org/details/opusculesetfrag00coutgoog.

LEIBNIZ, Wilhelm von y Louis COUTURAT.
Opuscules et fragments inédits de Leibniz.
Paris: Félix Alcan, Éditeur, 1903.
URL: https://archive.org/details/opusculesetfrag00coutgoog.

LÓPEZ MATEOS, Manuel. *Los Conjuntos.*
México: Facultad de Ciencias, UNAM, 1978.
URL: https://www.academia.edu/1771940/Los_conjuntos.

— *Funciones reales*. México: López Mateos Editores, 2013.
ISBN: 978-6079558390. URL: https://tienda.lopezmateos.com.mx/.

— *La recta real*. México: López Mateos Editores, 2013.
ISBN: 978-6079558369. URL: https://tienda.lopezmateos.com.mx/.

— *Cálculo diferencial e integral, Borrador 1.*
México: López Mateos Editores, 2014.
URL: https://www.academia.edu/6414005/C%5C%C3%5C%A1lculo_diferencial_e_integral._Borrador_1.

— *Conjuntos y lógica*. México: López Mateos Editores, 2017.
ISBN: 978-1545011751.
URL: https://www.amazon.com/Conjuntos-l%C3%B3gica-Matem%C3%A1ticas-para-Spanish/dp/1545011753/ref=sr_1_1?ie=UTF8&qid=1492614799&sr=8-1&keywords=9781545011751.

MUSIELAK, Dora. *Euler and the German Princess.*
arXiv:1406.7417 [math.HO], 2014.
URL: https://arxiv.org/abs/1406.7417.

PARADOJA DE RUSSELL.
Paradoja de Russell — Wikipedia, The Free Encyclopedia.
[Online; acceso 31-Marzo-2017]. 2017.
URL: https://es.wikipedia.org/wiki/Paradoja_de_Russell.

PEANO, Ioseph. *Arithmetices principia: nova methodo.*
Romae: Frattes Brocca, 1889.
URL: https://archive.org/details/arithmeticespri00peangoog.

PÓLYA, George. *How to Solve It.*
Princeton, NJ: Princeton University Press, 1945.
URL: http://press.princeton.edu/titles/669.html.

— *Mathematical Discovery, Combined Edition.*
New York: John Wiley & Sons, Inc., 1981.

URL: http://www.wiley.com/WileyCDA/WileyTitle/productCd-0471089753.html.
— *Cómo plantear y resolver problemas*. México: Editorial Trillas, 1989.
ISBN: 978-9682400643. URL: http://www.etrillas.com.mx/detalle.php?isbn=9789682400643&estilo=&tema=17.

SOLOS, Crisipo de. *Testimonios y fragmentos I*. Vol. 346. Biblioteca Clásica Gredos, 2006. ISBN: 978-8424927974.
URL: http://www.editorialgredos.com/biblioteca%5C_clasica%5C_gredos/%5C_ee%5C_testimonios%5C_fragmentos%5C_1-318.

— *Testimonios y fragmentos II*. Vol. 347. Biblioteca Clásica Gredos, 2006. ISBN: 978-8424927981.
URL: http://www.editorialgredos.com/biblioteca%5C_clasica%5C_gredos/%5C_ef%5C_testimonios%5C_fragmentos.

VENN, John M.A. «I. On the diagrammatic and mechanical representation of propositions and reasonings».
En: *Philosophical Magazine Series 5* 10.59 (1880), págs. 1-18.
DOI: 10.1080/14786448008626877.
eprint: http://dx.doi.org/10.1080/14786448008626877.
URL: http://dx.doi.org/10.1080/14786448008626877.

— *Symbolic Logic*. London: Macmillan y Co., 1881.
URL: https://archive.org/details/symboliclogic00venniala.

Índice alfabético

abierta
    proposición, 69
absorción
    leyes de
        en conjuntos, 24
        en proposiciones, 46
afirmaciones, 15
ajenos, 19
álgebra
    de conjuntos, 29
    de proposiciones, 54
AMÉRICA, 52, 144
ARISTÓTELES, 33, 78

BÁRBARA, 88
barbero
    paradoja del, 2
bicondicional, 52
    implicación y, 48
biunívoca
    correspondencia, 117
biyectiva
    función, 117
BOLIVIA, 5, 52, 144
BOOLE, G., 34
BOOLE, G., 82

cadena
    regla de la, 67, 88
CAMESTRE, 91, 150
CANTOR, G., 1
cartas
    a una princesa, 79
cartesiano
    producto, 98
causa-efecto, 49
CELARENT, 89
CESARE, 91, 150
círculos
    eulerianos, 81
clases
    de equivalencia, 107
COLOMBIA, 5
complemento
    de un conjunto, 7
    del complemento, 15, 43
    y negación, 43
composición
    de funciones, 122
conclusión, 49
conjetura, 36
conjunción, 38
    propiedades, 43
    verdadera, 39
conjunto, 1
    complemento de un, 7
    contenido, 9
    de índices, 109
    de verdad, 70
    elemento de un, 3
    parcialmente ordenado, 104
    pertenencia a un, 3, 6
    potencia, 12, 103

puntos del, 5
subconjunto de un, 9
totalmente ordenado, 105
vacío, 6, 12
vacío, 124, 125
conjuntos
    ajenos, 19
    bien definidos, 2
    diferencia de, 26
    diferencia simétrica, 27
    familia de, 12
    igualdad de, 15
    intersección de, 17
    lenguaje de los, 1
    leyes de absorción, 24
    leyes distributivas, 23
    lógica y diagramas, 92
    resumen de propiedades, 32
    unión de, 17
constante
    función, 116
contención, 14
    doble, 15
    e igualdad, 9
    mutua, 15
    propia, 14
    propiedades, 12
    transitiva, 14
contenido, 9
contradicción, 59
contradominio
    de una función, 113
contraejemplo, 37
contrapositiva
    implicación, 50
COPO
    conj. parc. ord., 104
correspondencia
    biunívoca, 117
    regla de, 113
COTO

conj. tot. ord., 105
CRISIPO DE SOLOS, 63
cuantificador
    existencial, existe, 75
    para ningún, 76
    universal, para toda, 73
cuantificadores
    negación de los, 76

DARII, 90
DE MORGAN
    leyes de
        en conjuntos, 25
        en proposiciones, 47
DE MORGAN, A., 25
DEDEKIND, R., 1, 2
definición
    por medio de equivalencia, 43
demostración
    de la igualdad de dos conjuntos, 15
    indirecta
        Principio de, 68
DESCARTES, R., 99
descripción, 3
diagramas
    de EULER, 5, 78
    de HASSE, 104
    de VENN, 5, 78
    intuitivos, 5
        DiagInt, 85
    lógica, conjuntos y, 92
diferencia, 26
    de conjuntos, 26
    simétrica, 27
distributivas
    leyes
        en conjuntos, 23
        en proposiciones, 45
disyunción, 39
    excluyente, 40, 43

propiedades, 45
verdadera, 40
disyuntivo
    silogismo, 65
doble
    contención, 15
    negación, 42, 48, 143
dominio
    de una función, 113
dos a dos
    intersección, 110

EL NIÑO, 141
elemento, 3
    de un conjunto, 3
    no pertenece, 3, 133
elementos
    describirlos, 3
    listados, 3
equivalencia
    clases de, 107
    de proposiciones, 42
    lógica, 62
    relación de, 106
equivalentes
    proposiciones, 42
estar
    o no estar, 1
EULER, L., 79
EULER
    diagramas de, 5, 78
    y VENN, 84
eulerianos
    círculos, 81
excluyente
    disyunción, 40
existe, 73, 75

falso
    verdadero o, 33
familia
    de conjuntos, 12

    indexada, 109
    unión de una, 110
FERIO, 90
FESTINO, 92, 150
FRIEDERIKE CHARLOTTE
    princesa, 79
función
    constante, 116
    contradominio, 113
    definición, 113
    dominio, 113
    gráfica de una, 118
    imagen de una, 114
    inversa, 120
    inyectiva, suprayectiva y biyectiva, 117
    rango de una, 115
    regla de correspondencia, 113
    restringida, 115
funciones, 113
    composición de, 122
    propiedades, 127

gráfica
    de una función, 118

HASSE, H., 104
HASSE
    diagrama de, 104
hipótesis, 49
hipotético
    silogismo, 67

igualdad
    contención e, 9
    de conjuntos, 15
    propiedades, 15
imagen
    de la función, 114, 115
    de un conjunto, 115
    de un punto, 113

Índice alfabético

inversa, 121
punto, 115
implicación, 48
    contrapositiva, 50
    inversa, 50
    lógica, 62
    recíproca, 50
    y bicondicional, 48
indexada
    familia, 109
índices
    conjunto de, 109
inferencia
    reglas de, 62
intersección, 17
    dos a dos, 110
    propiedades, 20
    vacía, 19
    y unión, 17
intuitivos
    diagramas, 5
inversa
    función, 120
    implicación, 50
inyectiva
    función, 117

LEIBNIZ, G. W., 78
LEIBNIZ, 78
    diagramas de, 78
leyes
    de absorción
        en conjuntos, 24
        en proposiciones, 46
    de DE MORGAN
        en conjuntos, 25
        en proposiciones, 47
    distributivas
        en conjuntos, 23
        en proposiciones, 45
LIMA, 42, 141
listas, 3

lógica, 33
    conjuntos y diagramas, 92
    consecuencia, 35
    elementos de, 33
    equivalencia, 15, 62
    implicación, 62
    silogismos, 33
    y conjuntos, 69

maneras
    de razonar, 63
MAYAS, 8
MERCOSUR, 4
modus
    ponendo tollens, 66
    ponens, 63
    tollendo ponens, 65
    tollens, 64

nada
    todo o, 35
negación, 34
    de los cuantificadores, 76
    doble, 42, 48, 143
    y complemento, 43
números
    naturales, 140
    primos, 140

operaciones
    de conjuntos, 32
    de proposiciones, 58
orden
    parcial, 103
    total, 105
ordenada
    pareja, 98

para ningún, 76
para toda(o), 73
paradoja del barbero, 2
parcialmente ordenado
    conjunto, 104

pareja
    ordenada, 98
particiones, 108
PERÚ, 8, 69
princesa
    cartas a una, 79
problemas
    solución a los, 133
producto
    cartesiano, 98
propiedades
    de la conjunción, 43
    de la contención, 12
    de la disyunción, 45
    de la igualdad, 15
    de la intersección, 20
    de la unión, 22
proposición, 34
    abierta, 69
    falsa, 34
    negación de una, 34
    tabla de verdad, 34
    valor de verdad de una, 34
    verdadera, 34
proposiciones
    abiertas, 69
    álgebra de, 54
    equivalentes, 42
    leyes de absorción, 46
    leyes distributivas, 45
    relaciondas, 50
    resumen de propiedades, 58
punto
    imagen, 115

rango
    de una función, 115
razonamiento
    directo, 63
    indirecto, 64
razonar
    maneras de, 63

razonar?
    ¿cómo, 59
recíproca
    implicación, 50
regla
    de correspondencia, 113
    de la cadena, 67, 88
reglas
    de inferencia, 62
relación
    de equivalencia, 106
    de orden
        parcial, 103
        total, 105
relaciones, 98, 101
restringida
    función, 115

SEXTO EMPÍRICO, 63
si, y sólo si, 15
silogismo
    disyuntivo, 65
    hipotético, 67
silogismos, 33, 88
simétrica
    diferencia, 27
SÓCRATES, 11, 33, 74
solución
    a los problemas, 133
subconjunto, 9
    propio, 11, 75, 76
    vacío, 125
suprayectiva
    función, 117

tabla de verdad, 34
    de la bicondicional, 52
    de la conjunción, 38
    de la disyunción, 39
    de la disyunción excluyente, 41
    de la implicación, 49

Índice alfabético

de la regla de la cadena, 67
del *modus ponendo tollens*, 66
del *modus ponens*, 63
del *modus tollendo ponens*, 65
del *modus tollens*, 64
tautología, 59
todo
    o nada, 35
total, 2, 16
    complemento del, 16
totalmente ordenado
    conjunto, 105
transitiva
    la contención es, 14

unión, 17
    de una familia, 110
    intersección y, 17
    propiedades, 22
universo, 2

vacío
    complemento del, 16
    conjunto, 6
    es subconjunto, 12
vacío
    conjunto, 125
    subconjunto, 125
valor
    de verdad, 34
Venn, J., 81
Venn
    diagramas de, 5, 78, 81
    yEuler, 84
verdad
    conjunto de, 69
    tabla de, 34
    valor de, 34
verdadero
    o falso, 33

Símbolos y notación

Ω	Omega, conjunto universo o total	2
$\in$	es un elemento de, $x \in C$, x es un elemento de C	3, 5
$\notin$	no es un elemento de, $x \notin C$, x no es un elemento de C	3
{ }	las llaves abren y cierran la descripción o la lista de los elementos de un conjunto	3
|	tal que o tales que	3
$\emptyset$	conjunto vacío, $\emptyset = \{x \in \Omega \mid x \neq x\}$	6, 125
A^c	complemento del conjunto A, $A^c = \{x \in \Omega \mid x \notin A\}$	7
CA	complemento del conjunto A	7
$C_\Omega A$	complemento del conjunto A respecto a Ω	7
$\subseteq$	subconjunto, $A \subseteq B$, A es subconjunto de B	9
$\supseteq$	supraconjunto, $B \supseteq A$, B es supraconjunto de A	10
$\mathbb{N}$	el conjunto de los números naturales, $\mathbb{N} = \{1, 2, \ldots\}$	10
$\subset$	subconjunto propio, $A \subset B$	11
2^A	la familia de todos los subconjuntos de A	12
$\Rightarrow$	implicación lógica. Si la proposición $p \to q$ es una tautología, entonces $p \Rightarrow q$.	14, 62
$A = B$	El conjunto A es igual al conjunto B si $A \subseteq B$ y $B \subseteq A$.	15
$\Leftrightarrow$	Si, y sólo si. Equivalencia lógica entre dos proposiciones o afirmaciones. Si la proposición $p \leftrightarrow q$ es una tautología, entonces $p \Leftrightarrow q$.	15, 62
$A \cap B$	A intersección B es el conjunto $\{x \in \Omega \mid x \in A$ y $x \in B\}$.	17
$A \cup B$	A unión B es el conjunto $\{x \in \Omega \mid x \in A$ o $x \in B\}$.	17
$A \setminus B$	A diferencia B es el conjunto $\{x \in \Omega \mid x \in A$ y $x \notin B\}$.	26
$A \triangle B$	A diferencia simétrica B es el conjunto de puntos que están en A o en B pero no en ambos: $(A \setminus B) \cup (B \setminus A)$.	27

Símbolos y notación

V o F	Verdadero o Falso. Posibles *valores de verdad* de una proposición.	34
$\neg p$	**no** p. Negación de la proposición p.	34
$p \wedge q$	p *y* q es la *conjunción*, es otra proposición; es verdadera si p es verdadera **y** q es verdadera.	38
$p \vee q$	p *o* q es la *disyunción*, es otra proposición; es verdadera si p es verdadera *o* q es verdadera, *o* ambas lo son.	39
$p \veebar q$	*una de dos*, p *o* q es la *disyunción excluyente*, es otra proposición; es verdadera cuando p es verdadera *o* q es verdadera, pero no ambas.	40
$\equiv$	equivalencia, símbolo de	42
$\stackrel{def}{\equiv}$	definición por medio de equivalencia, símbolo de	43, 58
$p(x)$	"p *de* x", proposición abierta; su valor de verdad depende de a quién se refiera.	69
$\forall$	para toda(o), *cuantificador universal*.	73
$\exists$	existe, *cuantificador existencial*.	75
⊬	marca para indicar existencia de algún elemento en una región de un diagrama de Venn.	88
(a, b)	pareja ordenada, es el conjunto $\{\{a\}, \{a, b\}\}$.	98
$A \times B$	A cruz B, producto cartesiano de A y B	98
R	relación, a R b, a relación b, a está relacionado con b.	101
R̸	no relación, a R̸ b, a *no* está relacionado con b.	101
Δ	relación *diagonal* o *de igualdad* en A, $\Delta = \{(a, a) \mid a \in A\}$.	102
$\preccurlyeq$	precede, relación de orden parcial, $a \preccurlyeq b$, a *precede a* b.	103
$\{C, \preccurlyeq\}$	conjunto parcialmente ordenado (copo), conjunto C dotado del orden parcial $\preccurlyeq$.	104
$\leqslant$	precede, menor o igual, relación de orden total, $a \leqslant b$, *a precede a* b.	105
$\{C, \leqslant\}$	conjunto totalmente ordenado (coto), conjunto C dotado del orden total $\leqslant$.	105
$\sim$	equivalente a, relación de equivalencia, a *es equivalente a* b, $a \sim b$.	106
$\{C, \sim\}$	conjunto con una relación de equivalencia.	107
$\overline{a}$	clase de equivalencia de a, $\overline{a} = \{x \in C \mid x \sim a\}$.	107
$\nsim$	no es equivalente a, no hay relación de equivalencia, a *no es equivalente a* b, $a \nsim b$.	107
J	conjunto de índices	109

D_f	dominio de la función f	113
$f: X \to Y$	f de X en Y, la función f con dominio X, contradominio Y y regla de correspondencia f(x).	114
$y = f(x)$	y igual a f de x; y es la imagen de x bajo la función f.	114
$x \mapsto y$	x va a su imagen y bajo la función f.	114
Im_f	imagen de f, el conjunto $\{y \in Y \mid y = f(x), x \in X\}$ de los puntos imagen.	114
$f(A)$	imagen de A *bajo* f, el conjunto formado por los puntos imagen de los elementos de A.	115
$\text{Im}_f A$	imagen de A *bajo* f, otra notación.	115
$f\vert A: X \to Y$	función restringida al subconjunto A de X.	115
I_A	función idéntica, o identidad, en A, tiene como regla de correspondencia $I_A(x) = x$, para toda $x \in A$.	116
G_f	gráfica de $f: X \to Y$, es un conjunto de $X \times Y$; $G_f = \{(x,y) \in X \times Y \mid y = f(x), x \in X\}$.	118
f^{-1}	f a la -1 o f *inversa*, tiene como dominio la imagen de f, es decir f(X), como contradominio X y como regla de correspondencia $f^{-1}(y) = x$, donde $f(x) = y$, para toda $y \in f(X)$.	120
$f^{-1}(y)$	f a la -1 de y o la *imagen inversa* de y bajo f, es el *conjunto* $\{x \in X \mid f(x) = y\}$ de los elementos del dominio de la función f cuya imagen es y.	121
$g \circ f$	se lee *efe seguida de ge* o *ge compuesta con efe*, es una función cuyo dominio es el dominio de f, su contradominio es el contradominio de g y su regla de correspondencia es $(g \circ f)(x) = g(f(x))$, para toda $x \in X$.	123
$\emptyset_X$	subconjunto vacío de X, $\emptyset_X = \{x \in X \mid x \neq x\}$	125